세 도시 이야기

세 도시 이야기

1판 1쇄 발행 2018년 12월 3일

지은이 신지혜 윤성은 천수림

펴낸이 원하나
디자인 정미영
일러스트 정기쁨
출력·인쇄 금강인쇄(주)

펴낸 곳 하나의책
출판등록 2013년 7월 31일 제251-2013-67호
주소 서울시 관악구 남부순환로 1855 통일빌딩 308-1호
전화 070-7801-0317 팩스 02-6499-3873
홈페이지 www.theonebook.co.kr

ISBN 979-11-87600-08-4 13980

이 도서의 국립중앙도서관 출판예정도서목록(CIP)은 서지정보유통지원시스템 홈
페이지(http://seoji.nl.go.kr)와 국가자료공동목록시스템(http://www.nl.go.kr/
kolisnet)에서 이용하실 수 있습니다.(CIP제어번호: CIP2018037037)

세 도시 이야기

글/사진 **신지혜**
윤성은
천수림

포르투,
파리,
피렌체에
스미다

Porto

Paris

Firenze

하나의책

차례

Paris

Firenze

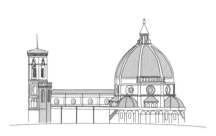

Porto

포르투,
왜 거기였을까?

by 신지혜

헝클어진 컨디션을 회복하기 위해서는 따뜻하고 밝은 햇살이 필요했다. 더구나 겨울인데. 시끌벅적 사람들이 많이 모여들어 와자한 곳은 견뎌 내기 어려울 것 같았다. 정신적 소음에서 벗어나야 했으므로. 딱딱한 인상에 쌀쌀맞은 마음은 버틸 수 없었으리라. 이미 마음이 휘청거리고 있었으니까.

자, 그럼 어디로 피신해야 할까. 생각난 곳은 오직 지중해변이었다. 기후가 좋은 곳은 토양이 좋고 그러다 보면 식재료가 신선하고 풍성하니 마음에 여유가 있기 마련이다. 더구나 햇빛을 받아야 살 수 있는 나로서는 지중해변 외에는 떠오르는 곳이 없었다.

사실 포르투갈은 가고 싶은 나라 리스트에는 들어 있지 않은 곳이었다. 거기보다 먼저 가 보고 싶은 곳이 너무나 많았으니까. 하지만 인연이란 것은 불현듯 이어지는 것. 그때 나에게 필요한 햇빛과 조용함과 따스함과 친절함이라는 요소를 기준점으로 찾다 보니 '포르투갈에 갈까?' 하는 생각이 든 것이다.

슬슬 마음이 포르투갈을 향해 열리기 시작했다. 책을 사서 읽었다. 블로그를 뒤졌다. 공통된 이야기는 맛있는 음식과 친절한 사람들이었다.

'그래. 이번 여행은 포르투갈이구나.'

그렇게 포르투갈행이 결정되었다.

긴 시간이 주어진 것도 아니고 체력과 심리 상태를 고려할 때 이 도시 저 도시를 점핑할 수도 없었다. 그렇다면 한두 도시에서 며칠 살다 오는 거지. 수도인 리스본을 인 아웃으로 잡고 가고 싶은 곳을 짚어 보니 여기도 가고 싶고 저기도 가고 싶다. 그러나 이 정도 기간과 이 정도 체력으로는 무리다. 욕심을 버리고 이 여행의 애초 목적을 생각해서 리스본과 다른 한 도시를 택하기로 한다.

눈에 들어온 곳은 포르투갈 제2의 도시 포르투. 여행 후기들을 읽어 보고, 포르투에 다녀온 지인들에게 물어보니 모두들 포르투에 꼭 가라고 한다. 무엇보다 음식이 맛있다는 사실에 귀가 솔깃하다. 잘 먹고 잘 쉬고 조용하고 평안하게 있다가 오는 것이 주목적이니 이보다 더 좋을 수는 없다.

덤으로 오래된 성당과 탑, 내가 좋아하는 골목, 말로만 듣던 포트 와인이 있는 와이너리 등을 슬슬 걸어 다니며 다 볼 수 있다. 뿐만 아니라 사람들이 친절하단다. 온화함과 에티켓, 적당한 거리감으로 무장한 친절함이 있단다.

됐네. 여기, 포르투.

그리고 무엇보다 해리 포터 시리즈를 집필한 조앤 롤링이 살면서 글을 쓴 카페 마제스틱이 있고 해리 포터 기숙사의 움직이는 계단의 모티브가 된 렐루 서점이 있다. 해리 포터에 열광하는 사람이든 그렇지 않은 사람이든 이 시대의 아이콘 중 하나인 해리 포터와 연관된 장소는 그 자체로 의미가 있지 않은가.

좋네. 여기, 포르투.

그렇게 떠난 포르투갈. 리스본도 물론 좋았지만 포르투는 그렇게 내게 소중한 도시가 되어 주었다.

동 루이스 1세 다리
Ponte de Dom Luis I

포르투의 풍경이
한눈에 담기는 곳

포르투를 다녀온 적이 있는 후배에게 포르투에 갈 거라고 하니 와인 투어는 꼭 해 보았으면 좋겠단다. 투어까지는 모르겠고 한 잔 시음은 꼭 할 거라며 물었다.

"와이너리가 있는 빌라 노바 드 가이아*Vila Nova de Gaia*로 가려면 그 유명한 동 루이스 다리를 건너야 하지? 버스나 트램을 타야 해?"

"선배, 동 루이스 다리는 그렇게 길지 않아요. 걸어서 건너요."

오, 그래? 단번에 부담감이 싹 사라진다.

다리라고 하고 와인 마시러 가이아 쪽으로 '건너가야' 한다고 하니 내 머릿속에는 한강에 있는 긴 다리들, 샌프란시스코의 금문교 등이 떠올랐던 것이다. 그런데 풍경을 구경하며 유유자적 건너도 몇 분 걸리지 않는다니 얼마나 좋았는지.

"그런데 동 루이스 다리가 진짜 에펠탑*Eiffel Tower*하고 비슷해?"

두 번째 단순한 질문을 한다. 철골 구조물이고 에펠의 제자가 건축한 것이라 기본 골격이 비슷하다고 한다. 밤에 보는 다리는 더 운치 있다고 하고. 에펠탑을 사무치게 좋아하는 것은 아니지만 어쨌거나 그 에펠이 포르투에도 건축물을 남겼다고 하니 슬쩍 관심이 가는 것은 사실이었다.

리스본에서 기차를 타고 피로함에 졸며 자며 한참을 타고 가다가 갑자기 정신이 번쩍 들어 눈을 떴다. '이런, 정신없이 자 버렸네. 여긴 어디지?' 황급히 시계를 보니 도착할 시간이 거의 다 된 것 같다. 자다가 지나 버린 건 아닌지. 깜깜해진 창밖은 아무것도 알려 주지 않는다. 비몽사몽 정신을 못 차리고 있다가 앞자리에 앉은 숙녀들에게 포르투는 얼마나 더 가야 하느냐고 물었더니 앱을 연다. '그냥 앱 찾아볼걸.' 상냥하고 친절한 그녀들이 일러 준다. 아직 40분 정도 더 남았다고.

음, 지나친 건 아니구나. 안심이 된다. 그렇게 30분쯤 갔을까. 뭔가 도시에 가까워 오고 있다는 느낌이 든다. 밖을 보니 건물과 다리가 조금씩 보이기 시작한다. 어? 저건가? 동 루이스 다리? 에 펠탑 하부와 꼭 닮은 다리가 저쪽에 보인다. 그럼 금방 내리는 건가? 아닌데. 열심히 달리는 기차는 아직 좀 더 가야 한다고 앱은 알려 주고 있다. 그럼 기차역에서 숙소가 먼 건가? 이리저리 마음을 재어 보는 와중에 드디어 포르투에 도착. 궁금한 부분은 내일 동 루이스 다리에 가 보면 알게 되겠지.

내가 기차에서 본 다리는 동 루이스 1세 다리가 아니었다. 비슷한 다리였던 듯. 나중에 볼사 궁전*Palacio da Bolsa* 투어 때 에펠의 방에서 가이드가 설명해 준 바에 따르면 동 루이스 1세 다리는 에펠의 제자인 테오필 세이리그*Teofilo Seyrig*의 작품이고 에펠이 건축한 다리는 따로 있다고 했다. 마리아 피아*Ponte. D. Maria Pia*

15

포르투,
왜 거기였을까?

라는 이름을 가진 다리. 그리고 당연히 도루강의 다리는 그 두 개만 있는 것이 아니다. 그러니 내가 기차에서 잠결에 본 다리는 당연히 동 루이스 1세 다리는 아니었던 것. 그렇다고 동 루이스 1세 다리 근처에 있는 마리아 피아 다리도 아니었을 텐데 그 다리는 어떤 이름을 가진 다리였을까 문득 궁금해진다.

구스타브 에펠*Alexandre Gustave Eiffel.* 자신의 이름을 딴 에펠탑을 남겼으니 대단하다. 그만큼 인정을 받았다는 말이겠지. 처음에 에펠탑이 지어졌을 때는 "흉물이다. 파리의 아름다움을 파괴하는 것이다"라는 손가락질을 받았다고 한다. 하지만 결국 지금은 파리의 대표적인 상징물이고 전 세계 여행객들이 꼭 들러 보는 명소가 되지 않았는가. 훌륭하고 좋은 것이라고 해서 모두 처음부터 환영을 받는 것은 아니다. 모든 것은 익숙해지는 시간이 필요하고 그 가치와 의미가 시간과 더불어 깊어져야 비로소 받아들여지는 시기가 오는 법.

그 에펠이 포르투에 와서 작업을 했다는 것도 신기했다. 그러고 보니 포르투갈 여행을 하면서 알게 된 것 중 하나가 이곳의 건축이 꽤 유명하며 이름 있는 건축가들이 많이 활동했다는 것이다. 그중에서도 역시 에펠이 가장 귀에 익은 사람이니 그 이름이 괜히 반갑고 친밀해진다.

에펠의 건축물을 다 아는 것은 아니지만 그는 철골 구조물의 전문가 아니었는가. 철골 구조에 관심을 갖다 보니 자연스레 두 지역을 잇는 다리라든지 높고 견고하게 쌓아 올리는 탑 등이 그의 전문 분야가 되지 않았을까.

1858년 프랑스 보르도*Bordeaux*의 철교를 시작으로 1877년 포르투의 마리아 피아 다리를 놓았고, 동 루이스 1세 다리(1886년 완공)를 건축한 테오필 세이리그도 그의 제자였으니 에펠의 이름과 관련이 있다. 1881년에는 프랑스 가라비 고가교*Viaduc de Garabit*를 작업했고 프랑스 니스*Nice* 천문대의 가동 돔이나 뉴욕의 자유의 여신상의 철골 구조도 설계했다. 결정적으로 우리에게 가장 잘 알려진 에펠탑을 지어 올렸으니 철골 구조물에 대해서는 글자 그대로 일인자인 셈이다.

그래서 에펠의 건축물들이 비슷하구나 싶다. 철교 상판을 지지하기 위해서 아치형으로 철골 구조물을 만들어 떠받친 것. 마리아 피아 다리도 동 루이스 1세 다리도 가라비 고가교도 그래서 비슷한 모양새를 갖고 있다. 마치 로마 시대의 수도교들이 비슷한 모양새로 각 도시에 남게 된 것처럼. 에펠탑이 1889년에 완공되었으니 에펠은 이미 에펠탑 이전에 자신의 시그니처인 아치형 구조물 위에 튼튼하게 올라선 철골 구조물에 대한 확신을 얻었음 직하다.

에펠과 동시대에 포르투갈 국왕과 왕비였던 동 루이스 1세와

Porto
신지혜

마리아 피아는 그렇게 각각 자신들의 이름을 딴 다리 하나씩을 얻었다. 그렇게 그들의 이름은 전 세계 여행객들의 머리에 남게 된다.

자, 이제 다리를 건너 보자. 한눈에 봐도 걸어서 건너는 것이 전혀 부담스럽지 않은 동 루이스 1세 다리. 게다가 한강 잠수교와 반포 대교처럼 두 개 층으로 되어 있다. '나는 고소 공포증이 있으니까, 그리고 윗부분은 어디에서 건너야 할지 바로 보이지 않으니까 히베이라*Ribeira* 광장 끄트머리와 연결되는 곳에서 건너야지.' 건너가면서 돌아보니 조금씩 히베리아의 풍경이 바뀌고 연신 사진을 찍기에 바쁘다.

예쁘구나. 정말 예쁘구나. 게다가 포르투라는 도시가 주는 온화함과 평온함이 여행객의 긴장감과 피로감을 말끔히 씻어 준다. 다리가 그리 길지 않아서일까 빨리 건너가야겠다는 조바심도 없고 옆 도로로 자동차들이 지나가긴 하지만 여유 있는 속도로 건너가니 전혀 위협적이지 않다. 매연이니 소음이니 하는 것들도 그다지 느껴지지 않으니 늘 팽팽하게 조여져 날카로운 고음의 째깍 소리와 함께 돌아가던 몸과 마음의 시간이 느슨해지고 째깍거리는 소리도 잦아든다.

이래서 포르투가 좋다고 하는구나. 모든 여행지는 나름의 매력이 있고 즐거움을 주며 여행이라는 것 자체가 시간의 속도를 늦

추게 만들기에 좋은 느낌으로 남는 것이다. 그런데 유독 포르투 갈, 포르투에 다녀온 사람들이 "그냥 좋았다"라고 이야기하던 이 유를 알 것 같다.

다리를 건너 빌라 노바 드 가이아에 다다르니 건너편 히베리아 가 또 다른 느낌으로 보인다. 파아란 하늘에 선명한 색색을 입고 서 있는 히베이라의 낡은 건물들이 그토록 운치 있고 멋질 수가 없다. 만약 이곳에 뜨거운 햇빛과 청명한 공기가 없었다거나 맛 있는 음식들이 없었더라면 히베리아 또한 그렇게 원색적인 미모 를 뽐낼 수 없었으리라.

포르투에 머문 시간만큼 시간이 느려진다. 그만큼 느려진 시간 으로 천천히 짧은 다리를 건너니 또 그만큼 시간이 느려진다. 이 제 더 이상 조급함은 없다. 이제 마음 가는 대로 와인 한 잔 마시 고 되었다 싶을 때 또 천천히 다리를 건너가면 그만인 것이다. 그 래, 이번 여행은 이렇게 적극적으로 아무것도 하지 않는 것이 목 표였는데 목표가 달성되어 가고 있다. 그것만으로도 포르투는 충 분하구나.

다음 날도 특별히 할 것이 없으니 대성당*Sé do Porto*에 갔다가 또 다시 동 루이스 1세 다리를 건넜다. 아하, 길이 이렇게 연결되 어 있구나. 대성당 쪽에서 동 루이스 1세 다리와 연결된 길이 있 어 바로 다리의 2층이다. 전날 1층으로 건너갔다 돌아왔으니 오늘은 2층으로 트램과 함께 건너 보자. 좋은 공기, 편안한 분위기, 고즈넉한 풍광 때문인지 고소 공포증은 간데없고 다리가 그렇게 높게 느껴지지도 않는다. 천천히 건너면서 바라보는 강 이편과 저편은 1층으로 건널 때와 또 다른 느낌이다. 하긴, 골목도 이쪽에서 저쪽으로 지나갈 때와 반대로 지나올 때가 다른데.

그렇게 다리를 또 한 번 건너 이번에는 와이너리 쪽으로 내려가지 않고 동네 구경을 해 본다. 꽤 예쁜 집들이 많다. 그리고 엘 코르테 잉글레스*El Corte Ingles* 백화점 셔틀이 몇 대 서 있다. 스페인 갔을 때 많이 보았던 백화점. 포르투갈에도 있구나. 그러고 보니 리스본에서도 포르투에서도 백화점은 엘 코르테 잉글레스 한 군데 뿐이었다.

그리 멀지는 않지만 걷기에는 망설여지는 거리. 그래서 이곳에 셔틀 자동차를 대 놓고 사람들에게 명함을 준다. 호텔에서도 백화점 가고 싶으면 미리 얘기하라고 했는데 '뭐 여기까지 와서 백화점 구경은 굳이' 했는데 한 번쯤 가 볼걸 그랬나 싶기도 하다. 포르투에 있는 엘 코르테 잉글레스는 어떤 분위기였을까.

아줄레주,
인간의 이야기를 예술로
승화시킨 결과물

기차를 타고 리스본에서 포르투로 들어오면 캄파냐 역에 도착한다. 여기서 기차를 갈아타고 가까운 곳에 있는 상 벤투 역으로 들어가는 경우가 많다. 나는 숙소 위치를 보니 굳이 상 벤투로 들어가지 않고 캄파냐 역에 있는 지하철을 이용하면 될 것 같았다. 지하철을 타고 숙소로 바로 갔다.

　다니다 보니 포르투는 작고 운치 있는 도시여서 숙소에서 상 벤투 역도 가깝다는 것을 알게 되었다. 포르투에 며칠씩 있는 관광객도 있지만 잠깐 지나가는 사람들은 웬만하면 상 벤투 역으로 들어가려고 하는 듯하다. 왜냐하면 '상 벤투'라는 근사한 발음을 가진 이 역은 무척이나 아름답기 때문이다.

　그곳은 당당함마저 풍길 정도의 외관을 하고 있었다. 이제는 나이 들었지만 젊은 시절 날카로운 눈빛과 민첩함과 용기로 무장하고 적과 싸워 무공을 이룬 어느 귀족의 느낌이랄까. 근처에 있는 대성당과 어깨를 겯고 도시를 지지해 온 연륜이 엿보인다.

　게다가 유럽의 도시들이 그러하듯 해 질 무렵 어둑해지는 '개와 늑대의 시간'이 되면 따뜻하고 뭉클한 주황빛, 노란빛의 조명이 도시 곳곳을 물들이기 시작한다. 그때의 상 벤투 역은 낮에 보여주는 당당함과 또 다르게 부드러움과 온화함을 겸비한 아름다운 장소가 되어 준다. 불빛의 색과 역 건물이 무척이나 조화로워서 안심이 될 지경이랄까. 더구나 골목골목을 휘휘 돌아다니다 문득 눈에 저 멀리 들어오는 역사를 보면 길을 잃지 않았다는, 아니 길을 잃을 염려가 없다는 안도감이 마음 가득 차오른다.

상 벤투 역이 단순히 오래된 장소이며 멋진 외관 때문에 유명한 것은 결코 아니다. 상 벤투 역은 내부에 있는 아줄레주*azulejo* 때문에 유명하다. 아주 진한 남색에 가까운 파란색도 아니고 여릿한 하늘색 같은 파란색도 아니고, 나에게는 어딘가 창백한 느낌으로 다가오는 아줄레주의 푸른 빛깔은 살짝 거리감을 준다. 아줄레주는 '광택을 낸 돌'이라는 아랍어에서 유래한 말로 주석 유약을 사용해 그린 도자기 타일이다. 하얀 도자기에 푸른 빛깔의 그림이 그려진 아줄레주는 독특한 방식의 스토리텔링을 보여 준다.

볼사 궁전이 그 옆에 붙어 있는 상 프란시스쿠 성당의 수도원이었던 것처럼 상 벤투 역도 처음부터 기차역이었던 것은 아니다. 원래는 베네딕토 수도원이었지만 화재가 나서 19세기 들어 재건을 했는데 그때부터 기차역으로 사용되었다고 한다.

상 벤투 역의 아줄레주는 12년 동안 2만여 개의 타일에 그려진 그림들로 이루어져 있다. 건축가 마르케스 다 실바가 역을 설계하고 화가 조르주 콜라소가 아줄레주를 작업했다고. 콜라소는 12년 동안의 이 작업을 어떻게 견디었을까. 매일 같은 크기의 타일 조각을 눈앞에 놓고 그 조각마다 전체 그림의 작은 부분을 담아내며 큰 그림을 끊임없이 조망하고 상상하고 설계해야 했을 텐

25

포르투,
왜 거기였을까?

데. 그림에 조예가 없고 소질도 없는 나로서는 상상도 할 수 없는 엄청난 작업이다.

하긴 콜라소뿐인가. 포르투갈 곳곳에서 만나게 되는 아줄레주는 누군가의 손길에 의해 누군가의 재능에 의해 아름답게 탄생해 그 후대에 끊임없는 감동을 주고 있으니 시대의 예술가들, 장인들, 자신의 일을 묵묵히 수행한 모든 사람들은 존경과 존중을 받아야 마땅하리라.

12년, 2만여 개. 수치로 적어 놓고 나니 고개를 들어 눈으로 직접 보는 만큼의 감흥을 느낄 수 없다. 하긴, 그 시간과 정성과 재능을 숫자로 치환한다는 것 자체가 무리겠지.

이곳의 아줄레주는 높은 층고를 갖춘 역사 내부를 장식하고 있는 만큼 그림 자체가 서사적이다. 특별한 정보 없이 보더라도 포르투의 역사를 그려 놓았다는 것을 알 수 있으니 말이다.

실제로 기차가 운행되는 이 역은 여행객들이 들고 나는 곳이다. 그렇지만 나 같은 관광객은 기차를 타지 않더라도 오면가면 슬쩍 들어서는 아줄레주를 보고 감탄하고 또 감탄하고야 만다. 어차피 관광을 하려면 역 근처인 올드타운을 계속 돌게 되니 숙소를 나와 지나가며 눈길 한번 주고 슬슬 돌아다닌다. 그러다 또 만나는 한낮의 상 벤투 역에 들어가 벽면을 휘 둘러보고 포르투의 공기를 잔뜩 마시고 돌아다니다가, 숙소로 돌아갈 무렵 아름다운 조명 덕분에 또 한층 매력적이 된 밤의 상 벤투 역을 또 보고. 그렇게 포르투에서는 이곳을 글자 그대로 매일, 여러 번 지나고 들어서게 된다.

가만히 생각해 보면 아줄레주는 결국 거칠게 말해 장식용 타일이지 않은가. 아줄레주라고 모두 역사의 일면이나 위대한 영웅이나 대단한 스토리를 담아내는 것은 아니지 않은가. 아랍의 지배를 받은 곳들에서 흔히 볼 수 있는 기하학적 문양의 단순한 아줄레주도 당연히 많다. 포르투갈하면 떠오르는 하나의 아이콘이기도 할 정도로 아줄레주는 흔한 타일들이다.

그러나 아줄레주에 그려진 그림을 보고 있으면 '이게 바로 예술이구나'라는 생각을 하게 된다. 각양각색의 기하학적 문양들로 이루어진 아줄레주 또한 심오함이 느껴진다. 자연의 많은 것이 프랙탈 구조(작은 구조가 전체 구조와 비슷한 형태로 끝없이 되풀이되는 구조)를 가지고 있어서 인간은 알게 모르게 거기에 익숙해져 있다. 그래서 기하학적 문양이 갖는 고유의 규칙성과 반복적 리듬감은 우리에게 안정감을 주는 것일지도 모른다.

여기에서 한 발 더 나아가 고대 인류가 동굴에 벽화를 그려 자신들의 존재감을 남겼듯이(혹은 인류의 예술성을 알렸듯이), 역사 속의 내로라하는 많은 화가들이 성당의 천장과 벽에 아름답고 웅장한 그림을 남겼듯이, 아줄레주 역시 인간 자신의 이야기를 아름

Porto
신지혜

다운 예술로 승화시킨 결과물이기에 우리는 포르투 곳곳에서 만나게 되는 아줄레주를 보고 또 보며 엄숙하고 숭고한 아름다움을 느끼게 되는 것이다.

상 벤투 역, 포르투 대성당, 카르무 성당, 산타 카타리나 대로에 있던 알마스 예배당 등등 포르투 곳곳에서 볼 수 있는 아줄레주는 깊은 인상을 남기기에 충분하다.

아줄레주가 알려 주는 이야기들을 듣다 보니 문득 엉뚱한 생각이 떠오른다. 인간은 왜 벽화를 남기기 시작했을까. 수 년 전 보았던 다큐멘터리 영화 〈잊혀진 꿈의 동굴, 2010〉이 기억난다.

1994년 프랑스 남부 아르데스 협곡에서 동굴이 발견된다. 사람의 발길이 닿지 않은 곳이어서 아주 오래된 동굴이었지만 보존이 잘되어 있었다. 동굴은 발견한 이의 이름을 따서 쇼베 동굴로 불리게 됐다. 놀라운 것은 이곳에서 벽화가 발견된 것. 벽화에는 상당히 구체적이고 사실적으로 묘사된 동물들과 함께 사람의 손바닥 모양이 많이 남아 있었는데 그 보존 상태가 양호했다.

쇼베 동굴 벽화는 3만 2천 년여 전에 그려진 것으로 추정된다고 한다. 깨끗하고 날렵하게 표현된 그림의 선 중 일부는 3차원을 묘사하듯 한쪽 면이 음영 처리까지 되어 있다. 지금은 사라진 동물들의 그림이 있어 흥미를 더한다.

〈아귀레, 신의 분노, 1972〉로 유명한 베르너 헤어조크 감독이 이 동굴을 촬영했다. 동굴과 벽화의 보존을 위해서 단 24시간이 허용되었고 헤어조크 감독은 역시 자신의 이름값을 톡톡히 해내었다.

이 영화의 내용은 단순할 수밖에 없다. 24시간, 동굴을 촬영할 수 있는 한정된 시간. 그리고 동굴 내부의 모습과 그려진 벽화들이 전체 플롯이 될 수밖에 없다. 그런데 이 영화는 묘한 감흥과 흥분을 안겨 준다. 태고의 신비가 그대로 간직된 그곳에 거주하며 삶의 자취를 남겨 놓은 오래전 인류의 흔적은 그 자체로 엄숙함과 경외감을 불러일으키기에 충분한 것이었다.

인간은 그런 존재다. 자신의 모습을, 자신의 생각을, 자신의 마음과 느낌을, 자신의 이야기를 남기고 싶어 하는 존재이다. 그래서 인류는 자신의 유전자가 대를 이어 가기를 바라며 그렇게 끊임없이 이어지는 유전자를 통해 인류 자신의 기억을 영속적으로 유지하고 싶어 한다.

어쩌면 그런 맥락으로 그 오래전 인류의 시초부터 인류의 거주지에는 그림들이 그려졌는지도 모르겠다. 그 그림들은 단순한 것들이지만 그 단순함 뒤에는 인류의 역사가 숨 쉬고 있는 것 아닌가. 사냥을 하며 먹을 것을 구했던 인류의 생태가 동물들의 그림으로 전달되고 손(또는 부분적이거나 전체적인 인간의 모습)을 그림으로써 자신들의 존재가 전달되는 것이다. 동굴의 벽화들은 단순한 그림이 아니라 인류의 역사가 되고 삶의 이야기가 된다. 벽화들이 이야기를 담고 있는 것은 그래서 어쩌면 당연한 이야기이다.

세월이 흘러 그 벽화들은 동굴 바깥으로 나와 성당 내부를 장식하고 건물 외면을 꾸며 주고 인류 역사의 여러 가지 이야기를 들려주고 있는 것이 아닐까. 그래서 우리는 상 벤투 역의 아줄레주를 보면서 포르투갈 역사의 단면을 들며 마음 한편 경건함을 느끼게 되는 것이리라.

클레리구스 성당과 탑

Torre dos Clérigos

차분하고
단정한 분위기에
경건해지다

제목도 기억나지 않지만 단 한 장면이 가끔씩 떠오른다. 90년대 후반에 본 무협영화 중 하나였는데 주인공은 아마도 신분도 낮고 가진 것도 없는 사람이었을 것이다. 오직 뛰어난 무술 솜씨로 부와 명예를 조금씩 갖게 되었는데 건물 최고층에서 아래를 내려다보며 아름다운 야경에 취해 기분이 좋아진 그를 보며 여자가 말한다. 위에서 내려다보는 세상은 언제나 그렇게 아름답다고.

그래서 인간은 바벨탑을 지어 올렸던 걸까. 위에서 내려다보는 그 '아름다움'을 획득하기 위해. 그래서 창조주가 아닌 피조물도 이렇게 막강한 힘과 능력을 갖고 있다는 것을 보이기 위해서 말이다.

교만이 극에 달하여 인류 스스로 창조주의 위치에 닿고자 쌓아 올렸다는 바벨탑은 인간의 탐욕과 어리석음을 대변하는 아이콘이 되었지만 21세기를 대표하는 SF 작가 테드 창의 단편 「바빌론의 탑」에서 인류는 여호와의 주거 공간이 궁금했고 그의 위업을 보기 위해 오르고자 탑을 쌓는다. 어디까지나 작가의 상상력이 펼쳐 낸 이야기이지만 기존의 관념을 뒤집는 흥미로운 이야기였다.

어쨌거나 인류는 고대부터 높이높이 탑을 쌓아 올렸다. 그 이유가 무엇이든 꼭대기에서 발아래 펼쳐진 세상을 바라보며 뜻 모를 자부심을 갖기도 하고, 무엇인지 모를 뭉클함을 느끼기도 하고, 엄청난 힘을 가진 듯 착각하기도 하고, 순수한 희열을 느끼기도 했을 것이다.

생각해 보면 도시는 대부분 '탑'을 가지고 있다. 현대의 마천루는 엄청난 높이와 철제, 콘크리트, 유리, 금속 등의 소재로 휘황찬란하게 번쩍거리면서 인간의 눈을 하늘로 끌어올린다. 서울의 63빌딩, 뉴욕의 엠파이어 스테이트 빌딩*Empire State Building*이나 크라이슬러 빌딩*Chrysler Building*, 현재 최고의 높이를 자랑하는 두바이의 부르즈 칼리파*Burj Khalifa* 같은 건물은 옛 도시의 탑이 갖는 운치나 쌓인 시간이 주는 감동은 없지만 현대적인 의미에서의 탑일지도 모른다.

최고의 높이, 최첨단의 설비, 최상의 전망. 지금의 마천루는 이렇게 변형된 탑의 역할을 한다. 그래서 타지에서 온 사람들은 그 도시의 높은 탑에 올라 보고 싶어 하는지도 모른다. 높은 탑 꼭대기에서 낯선 도시를 내려다보며 뭉뚱그려 언뜻 비슷한 느낌이 되는 풍경들에서 위안을 찾는 것일지도 모른다. 혹은 일상에서 여유 있게 높은 곳에 오르는 일이 흔치 않기에 비일상의 시간 속에서 높은 곳에 오르는 비일상을 경험하며 삶의 호흡을 살짝 달리 가져 보는 것일 테다. 아무튼 낯선 도시에서 우리는 꼭 '탑'과 만나게 된다. 오르든 오르지 않든 말이다.

　뉴욕에 처음 갔을 때 엠파이어 스테이트 빌딩 아래에서 후배를 만났다(앗, 영화 〈러브 어페어, 1994〉에서 두 주인공도 그 빌딩에서 만나기로 했었는데). 하지만 굳이 그 유명한 빌딩의 전망대까지 오르지는 않았다. 파리에 갔을 때도 에펠탑을 저 멀리 두고 기념사진 한 장 찍었을 뿐 굳이 그곳에 오르려는 마음은 별로 없었다.

　그런데 바르셀로나에서는 이야기가 달랐다. 전설적인 가우디 *Antoni Gaudí*의 사그라다 파밀리아*Basílica de la Sagrada Família*에

36

Porto
신지혜

포르투,
왜 거기였을까?

갔을 때 아직도 짓고 있는 성당 내부를 감탄하며 둘러보다가 전망대에 올라가는 엘리베이터를 타게 되었다. 서너 명이 숨을 들이마셔야 간신히 탈 수 있을 정도의 조그맣고 위태해 보이는 엘리베이터를, 싸지도 않은 이용료를 내면서까지 타야 하나 싶었다. 하지만 워낙 성당 내부에 감동을 받은 터라 올라가 보기로 했다.

거기에서 정말 신비한 느낌을 받았다. 내려다보는 풍경이야 유럽의 오래된 도시가 주는 감흥 이상도 이하도 아니었지만 천천히 나선 계단을 굽이굽이 돌아 내려오면서 마음이 평안해지고 즐거워져서 나도 모르게 계속 하하 웃으며 내려온 것이다. 뭘까. 뱅글뱅글 돌아 내려오는 좁은 나선 계단이 대체 무엇이라고 이렇게 마음에 기쁨을 주는 걸까.

사그라다 파밀리아의 이상하고도 신기하고도 기분 좋은 경험 후로는 오래된 도시에 있는 탑은 웬만하면 올라가 본다. 엘리베이터도 없고 빙빙 돌아 올라가는 계단은 결코 만만치 않다. 얼마나 오랜 시간 얼마나 많은 사람들이 오르내렸는지 닳고 닳아 가운데가 살짝 꺼진 채 반질반질한 계단을 보면 우습기도 하고. 아무리 올라가도 숨이 차올라도 다 온 것 같아도 더 올라가야 하는 탑들.

그렇게 올라가 보면 풍경은 거의 비슷하고 처음 한 번 볼 때야

우와, 감탄사가 나오지만 몇 번 오르내리다 보면 솔직히 그다지 큰 감흥은 없다. 그럼에도 불구하고 신기하게도 오래된 도시의 탑을 오르내리는 것은 어딘가 구도적인 느낌마저 준다.

포르투에는 클레리구스 탑*Torre dos Clérigos*이 클레리구스 성당과 함께 있다. 포르투 여행은 무계획으로 발 닿는 대로, 햇빛 쬐며 유유자적하는 것이 목적이었기에 슬슬 돌아다니다가 이건 뭐지, 하며 지나칠 뻔했다. 성당 뒤편에 있었던 나는 앞쪽에 탑이 있는 줄도 몰랐다. 그리 크지 않고 세월의 흔적이 거무튀튀하게 남아 있는 이곳이 그다지 눈을 끄는 것은 사실 아니었다.

하지만 시간에 쫓기며 급하게 어딜 가야 하는 것도 아니고 발길 끌리는 대로 마음 내키는 대로를 모토로 한 포르투 여행이었기에, 유서 깊어 보이는 포르투의 성당을 지나치기가 아까웠다.

음, 여기 어디 건물 이름이 있을 텐데. 벽면을 따라 돌다 보니 문이 보이고 무어라 적혀 있다. 어라, 이곳이 클레리구스 성당이구나. 아, 여기가 탑이랑 같이 있다던 그 성당이구나. 스스로의 무지에 피식 웃음이 나온다.

그렇게 클레리구스 성당과 탑에 들어가게 되었는데 먼저 탑을 올라가기로 했다. 밖에서 볼 때는 그다지 높지 않아서 쉽게 올라갈 수 있을 것 같았는데 생각보다 꽤 올라가는 데다 다리도 아프

고 숨도 차다. 역시 운동 부족이야. 숨을 몰아쉬며 오르다 보니 꼭대기로 갈수록 계단 폭이 좁아진다. 발 폭이 좁아지는 것이 아니라 나선의 지름이 좁아지는 것이다.

이때부터 재미있는 일들이 벌어진다. 아래쪽 층에서는 올라가는 사람과 내려오는 사람이 큰 무리 없이 지나칠 수 있는데 위쪽으로 갈수록 그럴 수가 없는 것이다. 그러다 보니 계단에서 마주치게 된다. 혹은 계단참에서 서로를 바라보게 된다. 그럴 때면 누구랄 것도 없이 만면에 웃음을 지으며 서로 양보한다. 서로에게 날리는 감사 인사는 이 탑을 오르는 사람들끼리만 느낄 수 있고 공유할 수 있는, 힘듦과 수고에 대한 보상이며, 서로에 대한 격려가 되어 피를 따뜻하게 데워 준다.

그리고 계단을 올라오며 저도 모르게 끙끙 소리를 내는 사람들과 만나게 된다. 그럴 때면 외쳐 준다. 힘내라고. 나는 그 과정을 이미 겪었거든, 조금만 더 올라가면 된답니다, 나는 이제 내려가지롱. 이런 다양한 감정들이 섞여 상대에게 전달된다.

어쩌면 내가 유럽의 오래된 도시들의 탑을 오르는 이유는 이런 경험의 공유를 바라는 것일지도 모르겠다. 서로 어디에서 온 사람들인지, 전 세계에서 모여든 사람들이 하필 바로 그 시간, 하필 바로 그 장소에서 서로의 숨소리를 들으며 격려해 주고 인사하고 숨을 참고 서서 먼저 지나가라고 손짓을 하고. 그 모습이 우스우면서도 고마워서 피식 웃고(아아, 클레리구스 탑의 계단은 정말 좁았다). 시간과 공간의 좌표에서 딱 만나 버린 '우리'는 그렇게 서로의 존재를 느끼며 '탑'을 공유하는 것이다.

포르투갈을 대표하는 건축가는 니콜로 나소니 _Niccoló Nasoni_. 이탈리아 사람이지만 포르투로 이주해서는 이곳에 뿌리를 내리고 평생을 살아간 사람이다. 건축에 대해서 무지몽매한 나로서는 잘 알지 못하던 건축가였는데 포르투 곳곳에서 나소니의 이름을 접했을 정도로 그의 업적은 크다.

클레리구스 성당과 탑도 바로 나소니의 작품 중 하나인데 이곳을 건축할 때 무보수로 할 만큼 깊은 애정을 가지고 성당과 탑을 지었다고 한다. 그의 마음과 정성이 성당 곳곳에 묻어 있는 듯하다.

나뭇잎 모양을 금박으로 씌운 장식들이 성당 내부 곳곳에 있는데 그럼에도 불구하고 화려하고 번쩍거리는 인상이 아니라 차분하고 단정한 분위기가 감돌고 있었다. 나소니의 손길을 따라 성당 이곳저곳을 보고 있으니 경건한 아름다움이 마음에 스민다.

늘 생각하게 되는 부분이다. 건축물이 만들어 내는, 뿜어내는 분위기라는 것. 건축물의 양식은 그 양식이 주는 분위기가 있기 때문이 아닐까. 유럽의 성당들 – 동네의 작은 성당이든 대성당이든 – 이 주는 고유의 분위기는 바로 그 건축양식에서 나오는 것이 아닐까. 국가와 종교와 언어와 피부색을 뛰어넘어 그곳에 들어서는 사람들이 자신도 모르게 갖게 되는 경건함, 구도적인 마음, 절대자를 향한 경외감은 고요하고 조용하면서도 힘 있는 분위기에서 비롯되는 것이다.

수백 년 전 나소니는 클레리구스 성당과 탑을 지으며 무슨 생각을 했을까. 수 세기 후 전 세계에서 이렇듯 많은 사람들이 자신의 건축물을 찾고 자신의 이름을 한 번씩 되뇌게 될 것을 생각이나 했을까. 자신의 일에 최선을 다하고 구석구석 숨결을 불어 넣은 건축가 나소니의 이름을 한 번 더 기억해 둔다.

포르투 대성당
Sé do Porto

긴 세월,
여러 건축양식이
덧대어진 곳

확실히 눈길을 확 끄는 화려함은 없다. 확실히 정신을 앗아갈 만큼 아찔한 아름다움은 없다. 그러나 간소하고 청렴한 삶을 영위하는 전통 있는 가문의 후예 같은 분위기를 풍긴다. 포르투갈의 선입견이 그러했듯, 포르투의 첫인상이 그러했듯이 포르투의 장소들도 크게 다르지 않다. 그러나 함부로 할 수 없는 위엄이 있다고나 할까.

유럽의 도시들을 보면서 개인적으로 반드시 들어가 봐야 하는 곳을 성당이라고 생각한다. 가톨릭 신자는 아니지만 성당은 유럽의 역사, 문화, 예술과 함께 숨 쉬어 온 장소다. 무엇보다 가톨릭 신앙을 갖고 있든 그렇지 않든 예배당 안으로 들어가는 순간부터 형언할 수 없는 숭고함과 엄숙함, 경건함을 갖게 되기 때문이다.

중앙 제단과 제단을 중심으로 좌우로 펼쳐진 헌납된 방들을 보고 있으면 도시의 옛 영화와 구원을 향한 인간들의 갈망이 덧칠된 묵직한 시간의 무게를 느끼곤 한다. 햇빛을 받아 찬란하게 빛나는 스테인드글라스와 웅장하고 장엄한 파이프 오르간, 고귀하고 지체 높은 성직자들과 귀족들이 앉았던 의자, 켜켜이 쌓인 시간의 공기를 끌어안고 여전히 고요히 기도를 올리고 있는 성당의 공기는 나의 마음이 흐트러지지 않도록 중심을 잡아 준다.

그렇다고 반드시 부귀영화를 누렸던 부유한 도시, 부유한 성당에만 가야 그런 느낌을 받는 것은 아니다. 작은 마을의 작은 성당들도 넉넉히 아름답고 스스로의 역사를 충분히 갖고 있으며 사람들의 가치와 신앙을 결집하는 힘을 지니고 있다. 그래서 어디든 한두 군데 정도는 종교를 막론하고 들어가 보는 것이 좋지 않을까 하는 생각을 가지고 있다.

대도시에는 주교좌 성당, 대성당이 있기 마련이다. 아무래도 권위와 재력을 가진 곳이었으니 수백 년의 세월이 흘렀어도 여전히 위풍당당함을 떨치고 있는 곳 중 하나가 대성당이다. 포르투갈의 지도는 다른 곳과 달리 대성당*Cathedral*을 'Sé'로 표기하고 있었다. 그래서 찾아간 곳이 Sé do Porto, 포르투 대성당이다. 사실 찾아갔다기보다는 가기로 마음먹은 그 시간에 그냥 가게 되었다. 포르투 구시가를 조금만 배회하다 보면 저 멀리 높이 보이는 대성당이 계속 눈에 들어오기 때문이다.

상 벤투 역 쪽에서 걸어가다 보니 성당의 측면으로 접근하게 되었다. 솔직히 우중충한 짙은 회색 벽은 세월과 과거의 흔적을 너무나 진하게 보여 주고 있는 듯해서 다른 도시의 대성당과는 다른 인상을 받았다.

대성당의 측면이 점점 더 가까워지는데 고요한 오전 나절의 대기를 깨고 트럼펫 소리가 들린다. 그저 연습을 하는 것인지 거리 공연을 하는 것인지 구분할 수 없게 자신의 음악에 푹 빠져 한 남

Porto
신지혜

**포르투,
왜 거기였을까?**

자가 연주를 하고 있었다. 대성당의 측면 공간에서 말이다.

귀에 익숙한 멜로디는 이국의 공간에서 휴식의 시간과 만나 묘한 아릿함을 준다. 여행객일 때만 느낄 수 있는 아릿함. 노스탤지어를 닮은 이상한 슬픔. 영혼이 육체를 이탈하려는 듯 내면에서 딸깍 소리가 들리는 순간. 그러다가 문득 깨어난다. 이곳은 나의 비일상이 펼쳐지는 곳이구나. 자각과 함께 발로 땅을 딛고 대성당의 문으로 들어선다.

미사를 드리고 있었다. 주로 백발인 노인들, 많지 않은 숫자의 사람들이지만 전심으로 미사를 드리는 사람들을 보니 적어도 이 시간만큼은 카메라 셔터를 찰칵 찰칵 눌러서는 안 되겠다 싶다. 미사에 방해가 되지 않도록 슬쩍 성당 내부를 둘러보고 회랑으로 넘어갔다.

역시 포르투갈은 아줄레주의 나라다. 회랑을 따라 펼쳐지는 아줄레주는 그림의 의미를 모르고 봐도 예술이고 그 자체가 작품이 된다. 아줄레주 덕분에 포르투의 대성당은 다른 나라들의 대성당과 차별화된 독특하고 선명한 기억을 여행객들에게 남긴다.

회랑을 둘러보고 위층으로 올라가 바깥으로 나가 보았더니 또 다른 공간이 펼쳐진다. 측면의 로지아*loggia*가 보이고 사람들이

다들 사진을 찍고 있다. 아하, 그럴 만도 하구나. 저기가 니콜로 나소니의 작품이라는 로지아인가 보구나. 한쪽 벽으로만 되어 있는 복도 같은 공간이라고 하면 아마도 설명이 될 것이다. 로지아는 그래서 장식적인 공간이다. 바로크 양식으로 지어진 이 로지아가 건축가 나소니의 작품인 것이다. 클레리구스 탑에 갔을 때 벽면에서 보았던 이름, 나소니. 괜히 반갑다.

나소니는 이탈리아 출신이지만 포르투갈에서 일생을 보내다시피 했고 자신도 이곳에 묻히기를 원해서 클레리구스 성당에 묻혔다고 한다. 그러니 포르투갈을 대표하는 건축가라고 해도 되지 않을까.

그러고 보면 포르투갈에서 활동한 유명한 건축가들이 많구나. 시인 바이런이 에덴동산이라고 말했다던 리스본 근교의 작은 도시 신트라*Sintra*. 그곳의 부유한 재산가 카르발로 몬테이루*Carvalho Monteiro*의 헤갈레이라 별장*Quinta da Regaleira*도 이탈리아에서 건너온 루이지 마니니*Luigi Manini*를 비롯한 건축가들이 함께 지었다고 한다. 신트라의 몬세라트*Monserrate*궁도 영국 건축가 제임스 토마스 놀스*James Thomas Knowles*가 설계했고 마리아 피아 다리에는 프랑스의 건축가 에펠의 자취가 남아있지 않은가.

주앙 5세 때는 마테우스 비센테 데 올리베이라*Mateus Vicente de Oliveira*의 감독 하에 켈루스 국립 궁전*Palácio Nacional de Queluz*이

지어졌고 안토니오 호세 디아스 다 실바*Antonio Jose Dias da Silva*는 리스본의 투우 경기장을 지은 것으로 유명하다.

포르투갈의 탄탄한 건축적 명맥은 지금까지 이어졌다. 건축계의 노벨상으로 불리는 프리츠커상*Pritzker Prize*을 2011년에 수상한 에두아르두 소우뚜 드 모우라*Eduardo Souto de Moura*, 1992년에 프리츠커상을 받은 알바로 시자*Alvaro Siza*가 있다. 특히 알바로 시자는 우리나라 안양에 파빌리온을 건축해서 국내에도 잘 알려졌다. 역시 오랜 시간을 들여서 쌓은 경험치는 엄청난 힘이 되는 것이다.

안내문을 읽어 보니 이 대성당은 12세기에 로마네스크 양식으로 지어졌다고 한다. 굉장히 오래되었군. 어쩐지 이 짙은 회색 돌 벽이 그냥 이런 색이 아니었어. 장식도 화려하지 않고 오랜 세월의 풍파를 견디어 온 완고하고 지친 노인 같은 표정 말이야.

그런데 조금 더 읽어 보니 이 대성당은 로마네스크 양식으로만 지어진 것이 아니었다. 18세기까지 오랜 세월을 거쳐 지어지고 확장되면서 로마네스크, 고딕, 바로크 등등 여러 양식이 뒤섞여 있다. 성당 정면에서 보게 되는 견고하고 군더더기 없어 보이는 두 개의 큰 탑은 고딕 양식이고 회랑을 장식하는 아줄레주는 18세기에 완성되었다고 하고. 그러니까 성당 곳곳은 그 긴긴 시

간 동안 여러 건축양식으로 덧대어지면서 지금의 모습에 이른 것이다.

그렇게 생각해 보니 이 낡디 낡은, 검소하기 그지없는 대성당이 다시 보이기 시작한다. 수십 년에 불과한 수명을 가지고 마치 불멸의 세월을 살 것처럼 천천히 시간과 노력을 들여 수 세기를 버티어 낸 건축물 하나하나를 완성해 나갔던 인간.

우리는 그저 무심히 바라보고 멋지다고 감탄 한 번 하고 말지만 멈추어 서서 기둥 하나 돌 하나 그림 하나를 조금만 더 들여다보면 인간의 유한함을 쏟아부어 만들어 낸 이런 건축물들이 얼마나 큰 존재감을 가지고 다가오는지.

수 세기 전 이 성당을 채우고 있던 사람들은 어떤 마음이었을까. 오랜 세월 뒤 그들은 상상조차 할 수 없었던 세계 각지의 사람들이 이제는 비행기를 타고 불과 열몇 시간 만에 포르투로 날아와 대성당의 구석구석에 시선을 보낼 것을 상상이나 했을까.

성당 정문 앞에 꽤 공들여 세웠음 직한 기둥이 있었다. 조각도 예사롭지 않고 뭔가 의미가 있을 것 같은 '멋진' 기둥이었다. 뭘까 싶었는데 알고 보니 죄인이나 노예를 묶어 놓고 형벌을 가하던 기둥이란다.

험악한 용도로 쓰이기엔 너무 멋진 기둥이다. 그것도 대성당 뜰에. 왜 선인들은 형벌의 기둥을 이렇게 근사하게 만들어 놓았을까. 어쩌면 형벌을 가하는 것이 결코 가볍지 않다는 것을 말해 주는 것은 아닐까. 가장 권위 있고 경건한 대성당. 그곳 뜰에 절대 무시하거나 가볍게 여길 수 없는 정교하고 무게감 있는 기둥을 세워 이곳에서 형벌을 받는 것의 무거움을 알게 하고 그것을 보는 사람들에게 경고의 의미를 보내는 것은 아니었을까.

포르투 대성당을 한 바퀴 돌면 기억에 남는 것이 또 하나 있다. 바로 엔히크의 동상이다. 대항해시대를 연 엔히크. 유럽의 끝, 이베리아 반도 그것도 대서양과 맞닿아 있는 포르투갈로서는 육로

가 막혀 있었다. 주앙 1세의 아들 엔히크 왕자는 그의 야망과 포부를 바다로 돌렸다.

그의 시선이 되어 그의 마음이 되어 바다로 나아간 바르톨로뮤 디아스*Bartolomeu Dias*는 1488년 아프리카의 희망봉을 돌았고 이로 인해 엔히크는 아프리카에 대한 독점권을 갖게 되었으니 엄청난 부와 명예와 권력을 거머쥔 것이다. 왕위를 이어받을 서열이 아니었지만 그의 혜안과 결단력은 대양과 함께 새로운 시대를 열었다. 그의 항해 원정대와 사그라스 학파는 항해학의 발전에 큰 기여를 했고, 포르투갈의 식민지 개척에 지대한 공을 세운다.

그 엔히크 왕자가 태어난 곳이 포르투라고 들었는데 이곳 대성당에 그의 동상이 있는 것을 보니 대단한 역사적 인물을 마주하고 있음에 새삼 마음 한 뼘이 넓어진다.

해리 포터를
만나는 시간

아무래도 나는 주류는 아닌 것이 확실하다. 우리나라에서 유난히 인기를 끌지 못하는 판타지에 마음이 끌리고 SF에 몰입하는 걸 보면 말이다. 지금이야 다양한 문화 콘텐츠를 접할 수 있는 기회가 많아지고 접근하기도 수월해졌다. 자신의 취향에 따라 콘텐츠를 소비하는 사람들이 늘었으니 SF를 포함한 판타지를 좋아하고 아끼는 인구도 늘었다. 그래서 나 또한 동지들을 만난 듯 기쁘지만, 불과 십여 년 전만 해도 나의 취향은 꽤 독특한 축에 속했다.

인터뷰를 하자고 찾아온 기자들이 빼먹지 않고 하는 질문이 "무슨 영화를 가장 좋아하세요"였는데 그때마다 불쑥 튀어나오는 나의 대답은 리들리 스콧 감독의 〈블레이드 러너, 1982〉. 그럴 때면 어김없이 상대방의 눈이 커진다. 의외라는 것이다. 달콤한 로맨스 영화나 영화사의 바이블 같은 엄청난 작품을 이야기할 줄 알았던 게지.

물론 솔직하게 말해서 나도 〈블레이드 러너〉보다 더 감명 깊게 본 영화도 많고 뛰어난 작품을 대하고 엄청나게 감동을 받은 적도 많다. 기타 등등의 이유로 다른 영화들을 이야기할 수도 있지만 새끼 오리가 어미를 각인하듯 이 영화는 내게 '인생 영화'로 각인된 것이다.

아무튼 그렇게 영화적 상상력이 뛰어난 판타지물, 인간의 정체성에 대한 깊은 탐구가 깔려 있는 SF는 언제나 나의 마음을 사로

잡고야 만다. 그리고 그렇게 마음을 사로잡힌 영화의 원작이 있다면 당연히 찾아보게 되지 않겠는가. 그렇게 책과 영화를 보며 나만의 세계를 구축해 가는 것이 또 하나의 행복이며 기쁨이다.

여기서 퀴즈 하나.
세계 3대 판타지 문학이 무엇인지 아는 분?

이 퀴즈. 꽤 많은 사람들에게 내 보았다. 대부분 두 작품은 대답한다. 어쩌면 지금 당신도 두 작품을 쉽게 생각해 냈고 그 답이 맞을 가능성이 상당히 크다. 하지만 마지막 하나는, 아마도 오답일 가능성이 크다.

자, 정답은.
톨킨의 『반지의 제왕』과 C.S 루이스의 『나니아 연대기』 그리고 마지막 하나는 '해리 포터' 시리즈, 가 아니라 어슐러 르귄의 '어스시' 시리즈다.
그렇다면 사람들이 세계 3대 판타지 문학으로 착각하는 '해리 포터' 시리즈는 과연 어떤 것일까. 이 시대의 아이콘이 되었고 어마어마한 콘텐츠가 된 해리 포터는 책뿐 아니라 영화, 각종 굿즈, 관광명소 등 다양한 콘텐츠로 이어졌고 그 어떤 것도 따라올 수

포르투,
왜 거기였을까?

없을 정도의 킬러 콘텐츠가 되었다. 역시 한 사람의 상상력과 필력이 갖는 힘은 대단한 것이다.

해리 포터의 공간적 무대는 런던이다. 킹스 크로스 역*King's Cross station* 9와 3/4 승강장, 호그와트*Hogwarts*의 촬영지인 옥스퍼드 대학*University of Oxford* 곳곳은 이미 관광객들로 가득 찬 지 오래. 그러나 당신이 진정 해리 포터의 팬이라면 포르투갈의 포르투를 잊어서는 안 된다.

유럽의 많은 도시와 마을이 그렇듯 포르투에도 아름다운 공간이 많다. 여느 도시들처럼 고색창연하지만 마음속 어딘가를 건드리고야 마는 오랜 시간을 품은 곳들, 아기자기하고 따스한 공기를 내어 주는 곳들, 골목골목을 누비며 걷다 불쑥 눈에 들어오는 소박하고 환한 미소를 짓게 되는 곳들. 그리고 그 속에 렐루 서점이 있다.

렐루 서점은 입장료를 받는다. 오전 10시. 서점이 문을 여는 시간에 도착해 보니 이미 많은 사람들이 기웃거리며 서 있다. 문 앞에 서 있던 직원이 다 안다는 표정으로 씨익 웃으며 옆쪽으로 조금만 더 가면 입장권을 살 수 있다고 말한다. 어디에 있을까 불안해하지 않아도 된다. 이미 그곳에는 세계 각국에서 온 사람들이 줄을 서서 입장권을 사고 있으니 지나칠 수 없다.

　서점인데 웬 입장료냐고 투덜거리는 사람도 있겠지. 입장료를
받는 건 이해하겠으나 조금 비싼 것 아니냐고 입을 비죽이는 사
람도 있겠지. 하지만 이미 렐루 서점에 들어가기로 마음먹은 사
람들은 그 정도는 충분히 감수할 의향이 있다(서점에서 책이나 물
건을 사면 입장료만큼 깎아 주니 입장권을 바우처라고 생각하면 된다).

　바우처를 받아 드니 왠지 마음이 살짝 들뜬다. 입구로 들어서니
바로 눈앞에 아름다운 계단이 보인다. 이것이구나, 이곳이구나,
호그와트의 계단이. 너도 나도 여기서 기념촬영을 하고 싶으니 모
두들 예의 있게 줄을 서서 한 사람씩 계단에 번갈아 서며 사진을
찍는다. 다른 사람이 사진 찍는 것을 보는 사람들의 입가에도 미
소가 걸린다. 오르락내리락 하는 사람들 모두 눈이 마주치면 동지

같은 표정으로 웃어 준다. 너도야? 응. 나도야. 이런 느낌으로.

계단에 서니 꼬마였던 해리 포터와 론, 헤르미온느가 움직이는 계단에 놀라 꺅꺅거리던 장면이 떠오르면서 '이 계단, 혹시 움직이는 것 아닐까' 슬며시 기대를 하게 된다. 뭐야, 그럴 리는 없잖아!

모두들 '해리 포터 계단'을 구경하고 사진을 찍느라 정신없다. 나도 한참을 그러고 있다가 드디어 마음을 가라앉히고 서점을 둘러보기 시작한다. 계단 아래쪽에 새겨진 무늬도 예쁘고 고풍스러운 서가에 꽂힌 책들마저 예쁘다. 맞아, 여기는 포르투갈이었지. 낯설지만 친해지고 싶은 포르투갈어로 된 책들이 가득하고 간간이 영어 책들이 보인다. 어차피 내겐 외계어와 다름없는 외국어.

그래도 기념품으로 책 한 권 가져가도 되지 않을까 생각하던 중 일 층에 있는 책 수레에 눈이 가닿는다. 역시 해리 포터 책이 수레 가득 쌓여 있다. 가만 보니 수레를 따라 바닥에 홈이 파져 있다. 어, 뭐지? 아하. 수레에 책이 가득 담기면 밀고 가기 어려우니 레일을 깐 것이다. 레일마저 곡선으로 휘어져 있고 그래서 수레를 끌고 가는 사람은 천천히 우아하게 춤을 추듯 걸어가게 되지 않을까 생각해 본다.

아아, 낯선 도시 포르투에서 그렇게 해리 포터를 만났다.

조앤 롤링은 이곳, 포르투에서 해리 포터를 집필했다. 역시 해리 포터 덕분에 유명해진 아름다운 카페 마제스틱*Majestic*에서 해리 포터의 이야기를 써 내려갔다. 그리고 호그와트의 움직이는 계단을 렐루 서점에서 착안했고 포르투 대학*University of Porto*의 망토를 해리 포터에게 입혔다. 그래서 해리 포터는 따져 보면 포르투 출신이다.

재미있다. 영국의 작가가 포르투갈의 도시 포르투에서 소설의 영감을 얻고, 포르투의 장소들을 소설의 공간으로 들여오고, 포르투 대학의 전통적 교복인 망토를 주인공에게 입히다니 말이다. 그리고 그렇게 탄생한 킬러 콘텐츠는 소설의 배경이며 영화의 촬영지인 런던뿐 아니라 포르투에까지 전 세계의 관광객을 불러들이는 역할을 하게 되었으니 놀라운 일이다.

이것이 바로 문화 콘텐츠의 힘. 게다가 조앤 롤링은 스스로가 해리 포터의 충실하고 명석한 수호자가 되어 폭발적으로 퍼져 나가는 작품을 기가 막히게 컨트롤해 냈다. 그는 작가의 재능뿐 아니라 매니저나 사업가적인 수완도 풍부한 것이 틀림없다.

실제로 〈해리 포터와 마법사의 돌, 2001〉을 영화로 만들기 시작하면서부터 롤링은 영국 배우들을 기용할 것을 주장했고(그래서 오디션에 참가하지 못한 할리우드의 아역들이 많았다고 한다), 새 책, 새 영화가 공개될 때 미디어 행사나 인터뷰에 가끔 얼굴을 보이며 자신이 지나치게 드러나지 않도록 조율했다고 한다.

'해리 포터' 시리즈는 다방면으로 마케팅도 잘 해냈다. 인터넷에서 퍼져 나가는 입소문을 잘 활용했고 시리즈의 첫 책이 출판되었을 때 이미 마지막 책의 마지막 장까지 쓰여져서 금고에 보관되어 있다는 등 티저 마케팅을 활용했다. 시리즈가 갖는 연속성에 대한 기대감, 오래 기다리지 않아도 된다는 안도감 등을 이용해 해리 포터라는 캐릭터를 '붐업'시켰다.

수잔 기넬리우스는 『스토리 노믹스』에서 이 작품의 마케팅 성공요인을 다룬다. 저자가 브랜드 이미지를 관리하면서 항상성과 일관성을 유지한 것이 작품의 비전을 지키고 안정적인 이미지로 안착시키는 결과를 가져왔다고 말한다.

이야기는 이야기 자체로 재미있고 흥미로운 것이지만 그것이 쓰이고 출간되고 다른 방식으로 여러 분야에서 사용될 때 본질을 잃지 않고 지속성과 안정성을 갖는 것은 매우 중요하다. '해리 포터' 시리즈는 그 핵심을 놓치지 않았고 결과적으로 한 시대를 대표하는 콘텐츠, 나아가 브랜드가 된 것이다.

그리고 그렇게 해리 포터와 만나 버린 사람들은 해리 포터의 자취를 좇아 포르투갈의 오래된 도시 포르투로 기꺼이 발걸음을 옮겨 마치 성지를 순례하듯 렐루 서점으로, 마제스틱 카페로, 포르투 대학으로 찾아드는 것이다.

볼사 궁전
Palacio da Bolsa

기품이 느껴지는
아름다운 궁

궁전이라는 말은 유명 냉장고의 CF 배경음악으로도 사용되었던 노래를 떠올리게 한다.

I dreamt I dwelt in marble halls with vassals and serfs at my side.
난 신하들과 하인들을 거느리며, 대리석으로 지은 저택에서 사는 꿈을 꾸었죠.

삼박자의 리듬은 왈츠를 추는 고전적인 미인의 드레스를 떠올리게 했고, 가수의 부드러운 목소리는 눈부시게 흰 천장과 길고 커다란 창을 통해 쏟아져 들어오는 햇살을 떠올리게 했던 노래. 엔야의 'I dreamt I dwelt in marble halls'라는 곡.

유럽 각국의 수도와 주요 도시에는 왕족이 거주했던 본궁과 별궁, 여름 궁전 등등 '궁전'들이 있다. 그 궁전들은 어딘가 동화 속에 나오는 이야기처럼 오랜 세월을 거친 무궁무진한 비밀을 잔뜩 안고 있을 것이다. 수많은 사람들이 밟고 지나다닌 회랑과, 수많은 사람들이 밀담을 나누고 비밀을 전달하던 구석진 틈새와, 수많은 사람들이 왕과 왕비의 눈에 들기 위해 한껏 꾸미고 춤을 추었던 홀, 그리고 수많은 귀족들이 왕의 측근이 되어 함께 생활했던 수많은 방이 있는 곳, 궁전.

그곳에서 얼마나 많은 이야기들이 오갔으며, 얼마나 많은 반역이 논의되었으며, 얼마나 많은 욕망과 쾌락들이 있었을까. 그 많은 소리와 그 많은 눈과 그 많은 스침은 아마도 먼지가 되어 궁전 구석구석에 가라앉아 이제는 자신들의 시대가 갔음을 느끼며 비로소 안식을 취하고 있을지도 모른다.

어쨌든 궁전이라는 곳은 그렇게 마음 한구석을 설레게 한다. 그리고 도무지 상상할 수 없는 궁전의 생활과 그곳에 살았던 사람들의 모습을 그려 보곤 한다.

포르투에는 볼사 궁전이 있다. 지도를 보니 강가에 있다. 상 프란시스쿠 성당*Igreja de São Francisco* 근처라 두 곳을 한 번에 볼 수 있겠다 싶어 발길을 옮겼다. 그런데 이상하다. 앱에는 분명 근처에 '궁전'이 있는데 지금껏 보아 왔던 다른 도시들의 '궁전'처럼 보이는 곳이 눈에 뜨이지 않는다. 이런, 내가 뭔가 착각하고 있는 것이 틀림없어. 그래서 길모퉁이를 돌아가니 상 프란시스쿠 성당이다. 기왕 왔으니 여기 먼저 둘러보자 싶어 성당에 먼저 들어가 보았다.

검박한 느낌을 주는 포르투갈의 다른 성당들에 비해 이곳은 찬란하고 부유하다. 성당 내부를 휘감은 금빛의 나뭇잎들은 이곳이

Porto
신지혜

포르투,
왜 거기였을까?

얼마나 부유했던 곳인지, 얼마나 힘이 있던 곳인지 넌지시 말해 주고 있다. 특이하게도 사진 촬영이 안 된다.

어쨌거나 포르투갈이 강대국이었다는 사실을 새삼 확인하고 성당을 나와 다시 앱을 작동해 본다. 분명히 이 근처인데. 가만있 자. 모퉁이 돌아온 그 옆으로 긴 건물, 바로 성당 옆에 있는 그 건 물이 볼사 궁전이구나.

상상했던 궁전과는 다르게 생긴 건물이어서 조금은 실망하며 약간은 의아해하며 내부로 들어섰다. 표를 사는데 볼사 궁전은 가이드 투어로만 관람할 수 있다고 한다. 이런, 나 외국어 잘 못하 는데. 할 수 없이 영어 투어를 신청하고 조금 기다리니 바로 투어 가 시작된다. 매표소에 있던, 예쁜 미소를 활짝 짓던 그녀가 가이 드이다. 일인 다역을 하는군. 슬며시 마음에 미소를 짓는다.

이 사람들은 어디 숨어 있다가 나온 걸까. 로비에서 사람을 별 로 보지 못한 것 같은데 투어 시작한다니 갑자기 스무 명 가까이 되는 사람들이 모여든다.

볼사 궁전의 첫 방은 '국가들의 방'. 저택으로 치면 현관문 들어 서면 바로 있는 로비 또는 홀 같은 곳이다. 갑자기 가이드가 묻는 다. 어느 나라에서 왔느냐고. 한국, 중국, 호주 등등 몇몇이 이야 기하자 천장 유리 아래 네 벽면의 장식이 궁전이 지어질 당시 포 르투갈과 깊은 유대를 가지고 활발한 교역을 하던 국가들을 상징

한다고 말한다. 우리가 답한 나라들은 어쩌면 하나도 들어가 있지 않느냐는 가이드의 말에 가이드도 관람객도 모두 까르르 웃어 버렸다. 그 흔한 영국, 미국, 스페인 등등 포르투갈과 교역을 했던 나라 사람들이 없었으니 가이드도 흔치 않은 경험을 한 듯하다.

어쨌거나 국가들의 방을 지나 계단을 올라 위층에 있는 몇몇 방들을 둘러보게 되었다. 인상 좋은 남자들의 초상화가 가득한 방은 대통령의 집무실로 사용된 황금의 방인데 매달 정기적으로 그 방에서 정무회의가 진행되었다고 한다. 검소하고 단정하며 그리 크지도 않은 방. 포르투갈은 어딘가 검박한 양반 같은 느낌이 드는데 볼사 궁전 또한 그러하다.

군더더기 없이 깔끔하면서도 기품이 있는 복도와 방을 지나 에펠이 와서 작업실로 썼다는 방에 다다른다. 포르투에 가면 와인 투어를 하기 위해서라도 최소한 한 번은 건너게 되는 동 루이스 다리는 파리의 에펠탑 하부와 비슷하다. 그래서 그것을 에펠이 지었다고 잘못 알고 있는 사람들도 있다. 에펠이 지은 다리는 다른 것이고 동 루이스 다리는 에펠의 제자 테오필 세이리그가 지은 것이라는 팁을 가이드가 얹어 준다.

자그마하고 정갈한 방을 들여다보며 에펠탑의 그 에펠이 이곳에서 작업에 몰두하고 걷고 말하고 인상을 찡그리고 활짝 웃기도

Porto
신지혜

하며 동선을 남겼다는 것이 신기하기만 하다. 더구나 여기는 프랑스가 아니라 포르투갈인데.

이제 드디어 볼사 궁전의 하이라이트, 아랍의 방. 가이드는 이 방 문 앞에 서서는 유난히 뜸을 들이고 헛기침을 하며 우리의 관심을 유도한다. 하긴 다른 방들은 문을 열고 들어가지 않았다. 열려 있는 대로 동선에 따라 움직였을 뿐. 그런데 이 방은 문이 닫혀 있다. 아닌 게 아니라 가이드도 굉장한 자부심을 얼굴에 슬며시 내비치며 기대하시라 개봉 박두를 외친다.

문이 열리자마자 각국에서 온 관람객들은 우와~ 탄성을 올리며 방 안으로 들어선다. 아름답다. 입이 다물어지지 않을 만큼. 상상하지 않아서였을까, 상상되지 않아서였을까. 지금까지 보아 왔던 검소하고 소박하면서도 유연한 강인함이 느껴지던 포르투갈의 이미지와 다르게 이 방은 글자 그대로 탄성을 자아낼 만큼 아름답다.

이름에서 눈치챌 수 있듯 이 방은 스페인 그라나다*Granada*의 알람브라 궁전*Alhambra*을 모델로 만든 방이라고 한다. 그래서인지 어딘가 아랍풍의 분위기도 느껴지고. 다들 "원더풀, 뷰티풀"을 외치고 있으니 가이드의 얼굴 가득 뿌듯한 미소가 번진다. 더 놀라운 것은 이 장소가 일반 시민들에게 대여가 된다는 것. 그래서 결혼식이나 콘서트 장소로도 활용된다는 설명을 가이드는 결들였다.

    가이드 투어를 하고 나니 왜 단번에 궁전이라 알아차릴 수 없었는지에 대한 나름의 변명거리를 찾을 수 있었다. 이곳은 처음부터 '궁전'으로 지어진 것이 아니었다. 볼사 궁전에 들어오기 전 딱 붙어 있던 화려하고 찬란한 상 프란시스쿠 성당에 딸려 있는 수도원이었다는 것. 어쩐지 두 건물이 글자 그대로 '붙어' 있더라니.

    그러다 화재가 나서 건물이 유실되었는데 재정적인 문제 때문에 복구하지 못하고 있다가 마리아 2세가 상업조합을 짓기로 하고 시민들에게 기부를 받아 볼사 궁전을 지었다고 한다. 그렇게 해서 1850년에 궁전 건물은 완공되었지만 내부 인테리어를 마치기까지는 60년이 더 걸려 1910년에 완성되었다고 하니 역시 유럽인들은 시간에 대해 엄청난 인내심을 가지고 있는 것이 틀림없다.

    하긴, 투어 때 들은 각 방의 마룻바닥이나 장식품들에 대한 설명을 떠올려 보면 그럴 만하다. 마룻바닥 하나하나가 빈틈없이 맞아떨어져 있고 조금도 쪽이 어긋난 곳이 없으면서 그토록 섬세하고 아름다운 문양을 가지고 있으니 말이다. 더구나 모든 것이 수공이라니 그 투자된 시간과 정성과 땀방울은 이루 말할 수 없을 것이다.

또 하나. 나무로 마감된 벽이라 생각하지만 실제로는 시멘트로 지어졌다는 것. 아무리 들여다봐도 나무인 것 같은데 살짝 만져보니 질감이 다르다. 렐루 서점에서도 같은 이야기를 들었다. 사진을 찍으며 꽃문양, 기하학적 문양들을 들여다보며 '아무래도 나무 같은데 이게 나무가 아니란 말이지' 싶어 감탄하지 않았던가. 볼사 궁전의 방도 바로 그렇다. 포르투갈 사람들은 엄청난 손재주가 있었던 것이 분명하구나. 새삼스럽게 감탄을 한다.

크지 않은 궁전, 짧은 투어를 마치고 뭔가 뿌듯한 마음이 든다. 비록 상상했던 '궁전'은 아니었고 생각보다 '오래된' 곳도 아니었지만 어딘가 정감이 가고 기품이 느껴지는 아름다운 '궁전'의 이미지를 남겨 주었다.

그나저나 멋지지 않은가. 어쨌든 '궁전'을 시민들에게 대여해 주어 결혼식을 올릴 수도 있다니 말이다. 가이드가 그 말을 할 때 몇몇이 탄식을 하던 것이 기억난다. 이미 결혼했어요. 안타까워하던 그녀들의 얼굴이 상큼하게 떠오른다.

백년전쟁이 만든
기막힌 포도주

친한 후배가 포르투갈로 신혼여행을 다녀왔다. 5~6년쯤 전에. 지금은 포르투갈에 가는 관광객이 많아졌지만 그때만 해도 포르투갈을 여행지로 꼽는 사람이 많지 않을 때였다. 리스본 외에는 들어 본 도시가 별로 없을 정도였다. 생소한 곳으로 신혼여행을 떠나는 후배가 대단해 보였다.

여행을 마치고 돌아와 나무 케이스를 내민다. 검은 망토를 두르고 검은 챙 모자를 쓴 남자의 실루엣이 멋지게 그려진 '포트와인'이었다. 이름만 들어 본 포트와인. 포르투갈의 대표적인 와인이며 알코올 도수가 높은 강화 와인이라는 정도의 정보밖에 없었던 내게 포트와인은 조금 센 이미지로 다가왔다.

알코올 분해 효소가 적은 나는 와인의 향과 맛은 좋아하지만 자주 마시는 편도 아니고 많이 마실 수도 없다. 평소에는 드라이하고 달지 않은 맛을 선호한다. 도수도 높고 달짝지근한 맛이 나는 포트와인은 더 강한 인상을 주었던 듯하다.

가만있자. 그 포트와인의 산지가 이곳 포르투란 말이지. 그것도 포르투를 지나는 도루강을 사이에 두고 와이너리가 있단 말이지. 와인 투어와 시음이 가능하니 한번 들러 보기로 했다.

생각보다 강폭이 넓지 않은 도루강을 사이에 두고 이쪽은 히베이라*Ribeira* 그리고 저쪽은 그냥 딱 봐도 와이너리다. 유명한 곳이라는 카렘*Calem*과 샌드맨*Sandeman*이 바로 손에 잡힐 듯 보이고 조금 더 시선을 돌려보면 테일러*Taylor*와 그라함*Graham*도 보인다. 이렇게 도시에 와이너리가 있다니. 신기하기만 하다. 가만 보니 사람들이 줄줄이 강을 건너가고 건너온다. 사람들이 꽤 가는 모양이다.

나도 슬슬 발걸음을 옮겨 본다. 히베이라 쪽 레스토랑의 북적거림과는 또 다르게 저편에도 사람이 많다. 다리를 건너 가까이에 있는 샌드맨으로 가 본다. 망토와 모자. 익숙한 상표라 마음이 놓인다. 이미 많은 사람들이 와인 투어를 끝내고 손마다 와인을 들고 나온다.

입구를 찾고 있으니 백발의 할아버지가 와서 손에 쥐고 있던 작은 노트에 시간을 써 준다. 참가할 수 있는 다음 와인 투어 시간이다. 이제 막 와인 투어가 끝났는지 거의 한 시간을 기다려야 한다. 조금 망설여진다. 어차피 서너 잔 시음은 자신 없는데 투어를 해야 하나. 기왕 여기까지 왔는데 시음은 다 못 해도 투어를 해야 하나. 혹시 한 잔 시음이 가능하냐고 물었더니 그렇게는 하지 않는단다.

아무리 생각해도 내게는 조금 무리다 싶어 카렘으로 발걸음을 옮긴다. 여기는 한 잔 시음이 된다고 했으니 기대를 걸어 본다. 어라, 와인 투어에 참가해야 시음이 가능하고 자기네도 한 잔 시음은 하지 않는다고 한다.

실망하는 순간 친절하게도 알려 준다. 바로 옆 건물은 한 잔 시음이 가능하다고 말이다. 오, 좋아. 포르투에 왔는데 한 잔 정도는 와이너리에서 시음해 보는 것이 좋지 않겠나.

그렇게 가게 된 곳이 콥케*Kopke*. 작은 건물의 입구로 들어서니 세련된 직원들이 인사를 해 준다. 한 잔 시음하고 싶다고 하니 시음할 수 있는 와인 종류를 보여 주며 간단한 설명도 해 준다.

화이트 와인도 있고 레드는 루비*Ruby*와 토니*Tawny*가 있다. 루비와 토니는 어떻게 다르냐고 물었더니 루비는 좀 더 어리고 토니는 숙성을 더 오래해서 브랜디처럼 도수가 높고 견과류 향과 맛이 강하다고 한다. 그리고 포트와인은 차갑게 해서 마시는 것이 좋단다. 아, 그렇구나. 선물 받은 포트와인에 큰 매력을 느끼지 못했던 이유가 포트와인에 맞는 온도가 아니어서 그랬던 것일 수도 있었겠다.

비교적 부담이 덜한 화이트 포트를 골라 직원을 따라 위층으로 올라갔더니 대여섯 명이 저쪽 자리에 앉아 시음을 하고 있다. 설명을 들어 가며 벌써 서너 종류를 마신 듯한데 모두들 흥겹고 들뜬 분위기이다.

예쁜 꽃 모양의 화이트 초콜릿 조각과 함께 화이트 와인이 나오고 느긋하고 기분 좋은 시간을 즐겼다. 산지에서만 얻을 수 있

는 경험치. 그것이 마음에 만족을 주었고 포르투의 기억을 또 하나 얹어 주었다.

포트와인은 대체 왜 만들게 된 걸까.

중세 유럽은 알다시피 '패밀리'라 해도 과언이 아닐 정도로 정략결혼에 의한 친족 관계로 맺어져 있다. 그 복잡한 계보는 도무지 머릿속에 입력할 수 없는 정도이고 그러다 보니 서로 자신이 적통인 후계자라고 주장하며 대립하는 경우도 생겨났다. 우리에게는 잔 다르크*Jeanne d'Arc*의 이름이 떠오르는 영국과 프랑스의 백년전쟁도 바로 그런 배경에서 시작된다.

1328년 프랑스의 샤를 4세*Charles IV*가 세상을 뜨자 잉글랜드의 에드워드 3세*Edward III*가 자신이 프랑스 왕위의 후계자라고 나선다. 하지만 그는 프랑스의 왕위를 물려받지 못했고 영지를 몰수당하자 전쟁을 일으켰다. 그렇게 시작된 전쟁이 거의 백 년간 이어졌으니 얼마나 지치고 지루한 전쟁이었을까. 그 기간 동안 영국과 프랑스는 또 얼마나 많은 인명을 잃었으며 백성들은 얼마나 괴롭고 힘겨운 삶을 견뎌 내야 했을까.

그렇게 엎치락뒤치락하며 영토를 뺏고 빼앗기는 세월이 흐르고 오를레앙*Orléans*의 잔 다르크가 등장하면서 전쟁은 분기점을 맞게 된다. 잔 다르크가 지켜 낸 샤를 7세*Charles VII*가 프랑스 땅을 거의 되찾기에 이른다.

어쨌거나 프랑스의 샤를 4세가 후손 없이 세상을 떠난 것이 빌미가 되어 백년전쟁은 시작되었다. 샤를 4세의 뒤를 이을 후계자를 찾는 와중에 사촌 형제인 발루아 백작이 가장 적합하다 싶어 필립 6세로 추대가 되었는데 이에 대해 영국의 에드워드 3세가 반대 의견을 낸 것이다. 그의 주장은 이러하다. 자신의 어머니인 이사벨라가 샤를 4세의 딸이니 필립 6세보다 자신이 프랑스 왕위의 계승자로 더 적합하다는 것이었다. 게다가 당시 영국은 프랑스에 땅을 많이 가지고 있어 프랑스 왕들은 이를 회복하기 위해 대립하고 잦은 전쟁을 치르고 있었다. 에드워드 3세의 이런 입장은 프랑스의 화를 돋우기에 충분하지 않았을까.

중세 유럽은 봉건 영주제였기에 프랑스 영토에 있는 영국 땅을 가진 영주로서 프랑스 왕과 신하의 관계를 맺은 것이 당연시되었다. 그때 에드워드 3세가 자신의 프랑스 왕위 정통성을 주장하며 불씨를 당긴 것이다. 그 밖에 여러 가지 계기들이 충돌하면서 전쟁이 시작되고 한 세기를 끌었으니 전쟁이 끝났더라도 당시 두 나라의 관계가 어땠을지 짐작이 가고도 남는다.

그런데 영국의 입장에서는 또 하나의 문제가 생겨 버렸다. 그토록 좋아하는 프랑스 와인을 마시기가 어려워진 것이다. 그렇게 치열하게 전쟁을 벌였으니 교역이 중단된 것은 당연한 일. 와인

포르투,
왜 거기였을까?

을 마시지 않으면 되겠지만 당시 영국인들은 와인을 엄청나게 즐겼나 보다. 도무지 와인을 포기할 수 없었던 영국인들은 지리적으로도 가깝고 활발히 교역했던 포르투갈 북부의 와인을 들여오기 시작했다.

그런데 문제가 생겼다. 지금처럼 항공 배송이 되는 것도 아니고 온도를 잘 유지하면서 운반할 수도 없는 상황이니 와인을 배에 싣고 영국으로 가는 동안 변질이 되는 것이다. 그러나 작은 우연이 와인을 살린다. 우연히 브랜디가 남아 있는 통에 담겨졌던 와인이 변질되지 않고 도착한 것이다. 해답은 거기에 있었다. 포르투갈에서 영국으로 보내지는 와인에는 브랜디가 배합되기 시작했고 그렇게 강화된 와인은 영국뿐 아니라 다른 나라로도 퍼져나가게 되었다.

포트와인을 맛볼 수 있는 도루강 저편은 '빌라 노바 드 가이아'라고 불리는데 엄밀히 말하면 와이너리가 아니라 와인 저장 창고가 몰려 있는 곳이다. 와이너리는 포르투 근방 도루 밸리*Douro Valley*에 있는데 동화같이 예쁜 아마란테*Amarante*, 핑야옹*Pinhão* 등의 작은 마을이 있다.

영화 〈사이드 웨이, 2004〉 덕분에 나파 밸리, 소노마 밸리의 와이너리 투어가 더 매력적이 되었듯이 포르투 근처의 와이너리 여행도 활발해지면 재미있지 않을까.

전쟁으로 서먹해진 두 나라. 그래서 교역이 끊어지고 와인을 마실 수 없어 대안으로 찾은 곳 포르투. 그리고 긴 항해와 우연이 겹쳐 만들어진 포트와인. 이제는 세계적으로 유명한 와인이 되었고 전 세계 어디서나 변질되지 않게 배송이 가능한 시대가 되었다. 이렇듯 뒤돌아보는 인류의 역사는 언제나 아이러니로 가득 차 있다.

히베리아
Riberia

먹고
즐기고
감사하라

어김없이 평일의 출근길 도로는 막힌다. 멍하니 운전대를 잡고 있다가 문득 곁에 서 있는 버스를 보니 광고판을 달고 있다.

종합 비타민 광고네. 비타민 B_{12}, 가만있자. 중고등학교 때 배운 거 아냐? 다른 비타민과 다르게 B는 종류가 여러 가지였지. B_1, B_2, B_3, B_{12}. 그거네. B_{12}는 육류나 조개류에 많이 들어 있다고 하지 않았나. 그러고 보니 쌀에도 비타민이 있었는데. 비타민 C는 과일과 채소에 많고 D는 햇빛을 쬐면 생성된다고 배웠던 건데.

우리의 라이프 스타일이 많이 달라졌구나 싶었다. 예전에는 음식물에서, 햇빛에서 충분히 섭취했던 것들인데 오히려 먹을거리가 풍성해진 지금은 필요한 비타민을 따로 섭취해야 하는 상황이 되었으니 말이다.

그렇게 비타민과 각종 미네랄을 정제로 섭취하는 것은 그렇다 쳐도 그러다 보니 음식물을 씹으며 목으로 넘기며 느끼는 맛의 기능은 점점 축소되는 듯하다. 더구나 재료들도 고유의 맛을 점차 잃어 가는 듯하다. 당근에서 당근 맛을 느끼기 어렵고 토마토는 토마토답지 않고 잎채소들도 제맛을 제대로 내어 주지 않는다. 좋은 토양에서 햇빛을 잔뜩 머금고 자라 고유의 색과 즙과 맛을 간직한 식재료들은 맛있지 않은가. 우리가 무언가를 먹는다는 것은 단순히 배를 채운다는 것을 넘어서는 일이지 않은가.

루카 구아다니노*Luca Guadagnino* 감독의 영화 〈아이 앰 러브, 2009〉는 엠마의 이야기다. 밀라노의 상류층 레키 가문으로 시집을 가면서 그녀는 엠마라는 이름을 갖게 되었고 정숙하고 아름다운 삶을 이어 왔다. 그녀의 삶은 완벽에 가까워 보이고 그녀 또한 별다른 불만이나 괴로움 없이 살고 있다. 그런데 언제부터일까. 그녀의 마음은 서서히 균열되기 시작한다. 자신조차 알지 못하는 미세한 균열. 알 수 없는 공허함과 고독을 안고 엠마는 우연히 아들의 친구인 안토니오와 만나 사랑에 빠진다.

그렇다고 이 영화를 그저 그런 불륜 영화로 치부해서는 안 된다. 아들뻘 되는 남자와 사랑에 빠져 버린 정신 나간 여자의 이야기로 폄하해서는 안 된다. 이 영화는 존재와 존재가 만나 버린 진짜 사랑을 이야기하고 있다. 불완전하고 결핍을 가지고 있는 인간이라는 존재, 그 존재가 본질적인 만남으로 내면을 채워 가는 이야기인 것이다.

이 영화를 떠올리는 이유는 안토니오가 요리사라는 데 있다. 수많은 요리사 중 하나가 아니라 마치 엠마를 위해 지구에 존재하게 된 요리사처럼 그는 그녀에게 러시아 요리를 해 준다. 그 요리는 단순한 러시아 요리가 아니라 그녀의 기억, 그녀의 시간, 그녀의 본질을 건드리는 매개이다.

이탈리아인 엠마로 살기 이전에 그녀는 러시아 소녀였다. 오래

포르투,
왜 거기였을까?

되어 제대로 기억나지도 않지만 그 소녀는 아마도 키티쉬라 불렸었다. 안토니오의 요리는 엠마 아니 키티쉬라는 존재를 일깨웠고 그녀는 안토니오의 요리를 통해 자신의 본질과 만나 버린 것이다. 그러니 키티쉬가 안토니오와 사랑에 빠지지 않을 수 없다.

음식이란 그저 먹는 것이 아니구나. 이 영화를 통해 깨달았다.

포르투갈에 오기 전부터 항구 도시인 포르투는 해산물 요리가 최고라는 이야기를 하도 많이 들었다. 게다가 도루강 가의 히베이라에 늘어서 있는 식당들은 강을 바라보며 식사를 할 수 있는 최적의 장소라니 그곳에 꼭 가 봐야겠다고 마음먹었다.

처음 들어간 곳은 피쉬 픽스. 동 루이스 다리와 가장 가까운 곳, 히베이라에 늘어서 있는 식당들의 끄트머리에 있는 곳. 이렇게 가는 것이 맞나 싶을 즈음 건물에 딱 붙어 있는 물고기가 반갑게 눈에 들어온다. 2층으로 안내를 받아 창가 쪽에 앉으니 따뜻하고 착해 보이는 노란 색조의 불빛을 받으며 얌전하게 흘러가는 도루강과 건너에 와이너리가 보인다. 어딘가 마음 한구석이 푸근해진다. 그리 크지 않은 곳.

아직 식사 시간이 되지 않은 걸까. 낯선 장소에 사람들이 없으니 조금 불안하다. 요리가 맛있는 집 맞을까? 오다 보니 다른 데에 사람이 많던데 거기 들어갈 걸 그랬나? 마음이 미적거리는데 계단을 울리며 뛰어 올라오는 발소리. 맑은 눈빛을 지닌 젊은 남자가 메뉴판을 건네고는 식탁 위에 하얗고 깨끗한 천 주머니와 올리브, 치즈 등을 놓고 내려간다. 주머니를 살짝 들여다보니 빵이 있다. 주머니는 깔끔하지만 딱딱한 빵은 별로 먹고 싶지 않다.

여기서 팁 하나. 포르투갈의 식당에서는 빵도 그렇고 미리 나오는 올리브, 치즈 등을 쿠베르트*Cuvert*라고 하는데 이것들은 유료이다. 어떻게 할까? 간단하다. 먹으면 돈을 내고 안 먹으면 끝.

쿠베르트도 그다지 끌리지 않아 마음이 한층 시무룩해진다. 여기 맛없는 데 아냐? 포르투에 오래 머물면서 이것저것 맛볼수 있다면 상관없겠지만 한정된 기간 내에 하루에 세끼 먹는 것이 다인데, 기왕이면 맛있는 것을 먹고 싶은데. 마음이 조금 꽁해진다.

그렇게 떨떠름한 마음으로 문어 요리와 오징어 요리와 관자구이를 주문했다. 문어와 오징어와 관자라. 이 정도면 아무리 맛없게 해도 평균은 되겠지 생각했다. 드디어 계단을 총총 오르는 발소리와 함께 식사가 도착했다.

오, 이런. 따뜻한 국물이 자박한 접시 위에 놓인 채소와 문어, 오징어는 맛있었다. 다행이다. 관자는 그 크기가 엄청나서 한 번 놀라고 잡냄새 하나 없이 탄력과 부드러움을 갖춰서 또 한 번 놀

라고 맛있어서 또 한 번 놀란다. 마음이 풀어지며 입가에 미소가 걸린다. 조금 짠 듯한데 물을 들이켜야 할 정도는 아니고 양도 생각보다 많다.

좋다. 아무리 사람들의 표정이 온화하고 도시의 분위기가 편안해도 낯선 곳은 낯선 곳이다. 낯선 곳은 어떤 식으로든 긴장을 유발하기 마련이고 마음 한구석 어딘가를 완전히 내려놓지 못하게만든다. 그런 상태에서 음식이 맛이 없다면 정말 화가 난다. 그 도시가 미워지기도 한다. 그러니 얼마나 다행인지.

디저트에도 도전해 본다. 마땅한 것이 눈에 들어오지 않는데치즈가 있다. 치즈를 사랑하는 나, 포르투갈 치즈에도 도전하는것이 마땅하지 아니한가. 세하 다 이스트렐라*Serra da Estrela*라는이름의 치즈가 서빙되는 순간 내 눈은 동그래진다. 치즈 위에 놓인 호두가 낯설고 곁에 놓인 꿀이 낯설고 비스킷이 낯설다. 치즈와 호두를 꿀에 찍어 먹는 건가 보다. 기가 막힌 맛의 조화다. 안먹었으면 억울할 뻔했다.

또 다른 식당에 가 보기로 한다. 이번에는 가장 유명한 쉐 라팡이다. 포르투갈의 포르투 히베이라에 있는 프랑스어가 어색하지않고 잘 어울린다. 유명인이 많이 왔다 간 흔적이 사진으로 걸려있다. 경쾌한 미소를 날리며 주문을 받고 식사를 가져다주는 직원 덕분에 덩달아 힘이 난다. 그를 보고 있으니 왠지 이 집의 음식을 먹고 나면 몸이 가벼워질 것 같다. 테이블이 금방 차는 걸 보니 역시 유명한 집인가 보다.

이 집은 쿠베르트가 맛있었다. 빵도 갓 구워 나오는 데다 검은 호밀빵이 아니다. 올리브도 맛있고 게살이 버무려진 스프레드도 맛있어서 포르투갈에서 유일하게 쿠베르트를 다 먹은 집이다.

그런데 메인을 주문하면서 엄청난 실수를 해 버렸으니. 워낙 이름난 집이라 그랬던 걸까, 포르투를 떠나기 전 마지막 식사여서 그랬던 걸까, 여태 먹은 해산물 요리가 너무나 맛있어서 그랬던 것일까. 포르투의 맛있는 해산물로 만든 '씨푸드 파스타'는 기가 막히겠다는, 정말 기가 막힌 생각이 불쑥 스치고 지나갔다. 우리나라에서 맛있게 먹는 '씨푸드 파스타'에 싱싱하고 맛있는 해산물이 들어 있는 이미지를 떠올려 버렸다.

기쁜 마음으로 주문을 하고 잠시 후, 파스타를 받고서야 아차 싶었다. 대체로 유럽의 파스타는 맛이 없다. 안 먹어 본 것도 아니고. 최악은 아니지만 지금까지 포르투에서 먹은 음식들에 비하면 이건 음식이 아니다. 이 친구들은 꼭 식사 중간에 맛있느냐고 묻던데 그만 거짓말을 할 수밖에. 네, 맛있어요. 세상에. 그 맛있는 생선 요리들을 다 놓아두고 파스타를 주문하다니.

쏟아지는 찬란한 햇살과 평온하고 소박한 도루강과 색색으로

96

Porto
신지혜

늘어서 있는 히베이라의 풍경이 아니었으면, 선명한 코발트 빛 하늘과 그 하늘에 흰 점을 찍던 새들이 아니었으면 울었을지도 모른다.

안토니오가 엠마에게 해 준 요리처럼 본질을 흔들어 깨울 정도는 아니라도 우리의 마음을 건드리는 음식들이 있다. 감사하다.

souvenir

포르투의 기념품

늘 보는 것, 늘 가까이에 있는 것, 언제라도 쉽게 손에 넣을 수 있는 것, 시시때때로 바라보고 가질 수 있는 것도 가치가 있고 소중하다. 하지만 희소성을 가진 것, 자주 접할 수 없는 것, 많이 가질 수 없는 것들이 주는 신비감과 동경, 아릿한 감상은 대체될 수 없는 것이다. 그래서 낯선 곳으로 여행을 다녀오면 누구라도 자기만의 기념품을 가지고 오는 것이 아닐까.

지인 중 누군가는 여행을 가면 반드시 마그네틱을 사 오곤 한다. 부피도 작고 단순하면서도 이국의 느낌을 주는 마그네틱이야말로 여행지에서의 추억을 생생하게 불러올 수 있는 좋은 오브제일 것이다.

예전에 방문했던 누군가의 집에는 현관에 작은 진열장이 있었다. 유리 안에는 수십 개의 티스푼이 걸려 있었는데 여행지에서 하나씩 둘씩 사서 모은 기념품이었다.

친구의 부모님은 일찍부터 해외여행을 다니셨는데 차를 좋아하셔서 늘 찻잔과 양철 케이스에 들어 있는 차를 사 가지고 오셨다. 그렇게 수십 년이 흐르니 꽤 숫자가 늘어 버린 예쁘고 희귀한 찻잔들은 여행의 기억을 소환하는 매개일 뿐 아니라 아주 좋은 장식품이 되어 주었다.

나는 어떤 기념품을 사 오는 편일까 잠시 생각해 보니 도무지 맥락이 없다. 이번에는 멋진 기념품, 독특한 기념품을 사 가지고

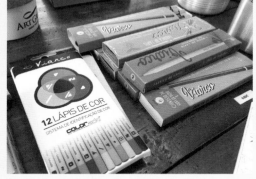

오리라, 늘 생각을 하는 것 같은데 어영부영하다 보면 그냥 돌아오기 일쑤이고 그나마 스페인 말라가에서 산 장식용 접시나 일본 오사카에서 산 전통 방식으로 염색한 천 정도가 나은 편이랄까. 자주 갈 수도 없는 여행인 만큼 일관성 있는 아이템으로 여행의 추억을 이어 가면 얼마나 좋을까만, 아무래도 그쪽으로는 별 재능이 없나 보다.

어쨌든 그 누구라도 여행지에서 근사하고 예쁜 기념품 하나쯤은 챙기고 싶어 하는 것 아닌가. 그리고 기왕이면 여행지의 특성을 잘 드러내는 것이면 좋지 않은가.

포르투의 기념품은 역시 타일이다. 아줄레주에서 짐작하게 되는 것처럼 포르투갈의 타일은 굉장하니 크고 작은 타일이 가장 보편적인 기념품이 될 수밖에. 포르투의 올드타운을 돌아다니다 보면 히베이라 쪽으로 내려가게 되는데 골목 곳곳에 자리 잡고 있는 기념품 가게에는 한결같이 엄청난 수의 타일들이 전시되어 있다.

동 루이스 다리라든지 트램이라든지 도루강에 떠 있는 포트와인 수송선이라든지 대성당이라든지 클레리구스 탑이라든지. 포르투를 상징하는 단순한 그림이 멋지게 그려져 있는 타일을 좀처럼 손에서 놓기가 어렵다. 같은 다리를 그린 것이라도 색깔과 선이 조금씩 다른 걸 보면 하나하나 직접 그린 것 같다. 오밀조밀한 여러 크기의 타일에 이렇게 선을 죽죽 그어 포르투를 그려 내는 사람들은 얼마나 멋진 마음과 손을 가졌을까 잠시 생각해 본다.

타일만 있는 것은 아니다. 세계 코르크 생산지 1위인 포르투갈답게 코르크로 별의별 것을 다 만드는데 와인 마개는 기본이고 지갑, 가방, 신발 등도 코르크로 만들어 내고 있으니 놀랍기만 하다. 나도 포르투갈을 떠나오면서 공항에서 코르크 케이스에 멋진 그림이 그려진 초콜릿을 발견하고 하나 집어 왔는데 두고 보니 꽤 괜찮은 기념품이 되었다.

1887년에 생산되기 시작해 전 세계 셀럽들이 사용하고 있는 비누 클라우스 포르투*Claus Porto*도 빼놓으면 아쉽다. 포장도 독특하게 예쁘고 고급스러운 은은한 향은 마음을 차분하게 가라앉혀 준다. 워낙 유명하고 좋은 비누라서 선물용으로도 충분히 가치가 있다고 생각한다. 렐루 서점에서도 이 비누를 판매한다고 들어서 바우처 값을 비누로 빼겠다고 생각하고 갔다가 서점 구경하느라 정신이 팔려서 사지 못했다. 다른 데 가서는 '나중에 공항에 있겠지 지금 사 두면 짐 되니까' 하다가 사지 못했다. 결국 귀국해서 못내 아쉬워하다가 정말 뜻하지 않게 우연히 이 비누가 소량 입점된 곳을 만나게 되어 두 배 넘는 가격으로 구입했다.

고급스러운 식기에 관심이 있는 사람이라면 비스타 알레그레 *Vista Alegre*를 빼놓을 수 없을 테고 와인을 좋아하는 사람은 포트

와인을 한 병쯤 구입해 오는 것도 좋다.

포르투에서 또 하나 인상적이었던 것은 성가족상과 고난받는 예수 그리스도상을 많이 볼 수 있다는 것이다. 클레리구스 성당의 성물실에도 유난히 성가족상과 십자가상의 예수상이 많았는데 그로 미루어 보아 포르투갈은 가톨릭의 전통이 잘 이어져 오고 있는 듯하다.

이 성가족상은 성당에서만 볼 수 있는 것이 아니고 기념품 가게에도 글자 그대로 다양한 재료로 다양한 크기로 다양하게 만들어진 성가족상이 많았다. 성가족상을 이곳저곳에서 많이 본 곳은 아마 포르투 외에는 없었던 듯하다.

그런가 하면 사르딘느, 정어리 또한 엄청나게 사랑을 받고 있다. 정어리 타일, 정어리 쿠션, 정어리상, 정어리 키홀더. 워낙 해산물이 싱싱하고 맛있기로 소문난 곳이니 정어리는 있을 법하다. 크고 작은 정어리 쿠션들이 천장에 매달려 있는 것을 보면 입에 함박웃음이 걸리고야 만다. 소박하고 순박한 마음이 매달려 있는 느낌이랄까.

그리고 재미있게도 포르투에는 화려하고 예쁜 색상으로 칠해진 닭들이 가득하다. 기념품 가게가 눈에 띄어 진열대를 바라보면 거의 이 화사한 멋쟁이 닭들이 바라보고 있다. 포르투갈에서 생산된 물건들만 판매하는 고급스러운 가게인 아 비다 포르투게

사 *A Vida Portuguesa*에는 금빛의 고급스러운 닭이 높은 곳에 올려져 있다. 그런가 하면 거리의 기념품 가게들에는 하얀색, 빨간색, 파란색, 노란색, 검은색 등 가지각색의 닭들이 밝고 친근한 표정을 짓고 있다.

사실 닭 모양 장식품은 포르투에서만 볼 수 있는 것은 아니다. 남프랑스에 닭 장식품이 특히 많고 뢴*Rhon* 지방의 와인 중에는 닭을 로고로 쓰는 것도 있을 정도이니 포르투에만 있는 것은 분명 아니다. 그런데 왜 포르투에는 이렇게 닭 모양 장식품이 많은 것일까. 포르투의 닭은 어떤 의미를 지니고 있는 것일까.

무라카미 하루키에 흠뻑 빠져 지내던 때가 있었다. 대학교 때 우연히 후배가 권해 준 '하루키'를 마음에 두고 있다가 서점에서 그의 단편집을 발견해 읽고는 하루키의 소설을 모조리 사서 읽으며 그의 세계와 문체에 빠졌었다.

그때 읽은 『상실의 시대』 - 원래 제목은 『노르웨이의 숲』이지만 나는 『상실의 시대』가 제목인 것으로 읽었기에 나에게 영원히 그 소설은 『상실의 시대』이다. 하긴 『노르웨이의 숲』 또한 오역이라니 - 의 주인공은 미도리라는 이름의 여자아이와 알게 된다. 미도리는 여러 아르바이트를 했는데 그중에서 지역의 안내 브로슈어에 글 쓰는 일이 나의 관심을 끌었다.

  그녀의 글은 나름대로 인기가 있었다. 그 인기의 비결은 그 지역과 장소를 단순하게 설명하는 데서 그치는 것이 아니라 그 지역에 얽힌, 그 장소에 얽힌 에피소드를 하나씩 첨가해 주는 것이었다. 주인공이 감탄하자 그녀는 말한다. 그것이 사실인지 아닌지는 중요하지 않다고. 사람들이 그 에피소드를 읽으면서 감동하고 기뻐하고 눈물지을 수 있으면 되는 것이라고.

  아하, 미도리는 스토리텔링의 힘을 이미 알고 있던 것이다. 호모 사피엔스는 이야기를 좋아한다. 그 누구를 막론하고 시대를 막론하고 누구나 이야기를 좋아한다. 그래서 인간은 이야기하는 존재, 호모 나랜스*Homo Narrans*라고 불리기도 한다. 그 때문에 많

Porto
신지혜

은 것들이 제 나름의 유래와 이야기를 가지고 있지 않은가. 몇 가지 예를 들어 보자.

마르게리타 여왕에게 대접할 피자를 궁리하다가 치즈의 흰색, 토마토 소스의 붉은색, 바질의 초록색으로 이탈리아의 삼색을 표현해 그때부터 그 피자를 여왕의 이름을 딴 마르게리타 피자로 불렀다는 이야기.

폭군 영주인 남편에게 민중의 곤고한 삶을 대신 탄원했다가 나체로 말을 타고 마을을 돌면 청을 들어주겠다는 말에 큰 결심을 하고 남편의 말대로 행한 고다이바 부인의 이야기 – 고급 초콜릿 브랜드 '고디바'의 바로 그 부인이다 – 도 있다. 부인의 마음에 감동해 그녀가 수치심을 느끼지 않도록 모두 집 안에 들어가 문과 창문을 닫기로 굳게 약속한 마을사람들의 이야기. 그러나 호기심을 이기지 못하고 몰래 엿보려다 눈이 멀어 버린 피핑 톰의 이야기는 흥미진진하다.

음반 레이블 '빅터'의 로고, 주인과 함께 늘 음악을 듣다가 주인이 세상을 뜬 후에도 주인을 기다리며 축음기 앞에 앉아 있었다는 개의 이야기는 콧등이 시큰해지도록 감동적이다. 미국의 시어도어 루즈벨트 대통령이 양심을 지키며 놓아준 어린 곰의 이야기는 테디 베어가 되어 온 세계 어린이들의 사랑을 받고 있다.

이런 이야기들이 사실인지 아닌지는 중요하지 않다. 우리가 기억해야 할 것은 이야기가 주는 감동과 감상, 머릿속에 착 붙어 잊혀지지 않는 하나의 작은 경험이다. 그것이 스토리텔링의 힘이고 이야기로 많은 것을 얻고 기억하는 인간의 단면이다.

어쨌거나 닭은 포르투에만 있는 것은 아니지만 포르투갈의 상징 중 하나이기도 하다. 당연히 유래를 가지고 있다.

바르셀루스라는 이름의 청년이 산티아고 데 콤포스텔라 *Santiago de Compostela*로 향하는 순례 길에 오른다. 긴긴 여정 속에서 밤이 되고 바르셀루스가 여관에 묵게 되는데 여관의 하녀가 그에게 관심을 표한다. 순례 길에 오른 바르셀루스가 그녀를 받아들일 리 없었고 화가 난 하녀는 그가 도둑질을 했다고 거짓으로 고발한다.

억울하고 답답한 바르셀루스는 자신의 결백을 주장할 길이 없어 애통해하다가 구운 닭을 가리키며 자신이 결백하다면 저 닭이 울 것이라고 말한다. 놀랍게도 구워져 있던 닭은 새벽을 알리는 울음소리를 내고 바르셀루스는 풀려나게 되었다는 것.

이후로 포르투갈에서는 닭이 정의롭고 신성하고 경건한 종교적인 의미를 가지게 되었고 프랑스나 이탈리아의 닭과는 또 다른 멋진 닭이 되었다. 포르투의 기념품 가게에서 숱하게 보이는 닭을 바라보면 바르셀루스의 유래를 알든 모르든 마음을 빼앗겨 버리게 된다. 어쩌면 자신도 모르게 색깔별로 닭을 집어 드는 당신을 발견할 수도 있을 것이다.

Paris

파리,
왜 거기였을까?

by 윤성은

인생에서 가장 지쳐 있던 시기, 하던 일을 모두 그만두고 몇 개월 간의 여행을 계획하면서 내가 제일 먼저 꼽은 행선지는 긴 고민도, 큰 갈등도 없이 파리였다. 현지인처럼 살아 보기 위해 유럽에 있는 두 달 동안 파리를 베이스캠프로 두고 최대한 오래 머물겠다는 욕심도 부렸다. 그때는 일과 관련된 여러 명분이 있었던 것 같은데 지금은 그게 뭐였든 정말 잘했다는 뿌듯함, 안도감만 남아 있다.

예쁜 건물과 맛있는 음식으로 유혹하는 도시는 유럽에 차고도 넘치지만, 그중에서도 파리가 가장 인기 있는 관광지가 된 것은 이 도시의 강한 인력 때문일 것이다. 은근한 매력으로 사람을 끌어모으는 사교계 인사처럼 파리는 오늘도 서유럽의 한복판에서 그의 열렬한 추종자들을 양산해 낸다. 한번 발을 들여놓았던 사람들은 평생 그리워하게 만들 만큼 중독성도 강하다. 그래서 가 보지 못한 나라와 도시가 지천인 내게도 파리는 여전히 여행을 떠올릴 때 먼저 떠나고 싶은 곳 중 하나다.

진부하게 들릴지 몰라도 도시 전체가 예술작품, 박물관이라는 말은 파리를 한마디로 요약할 때 썩 괜찮은 표현이다. 온갖 명품 브랜드의 제품이 함께 진열되어 있는 미니어처 쇼윈도처럼 파리는 자연적으로 만들어진 하나의 예술 박람회장 같다. 도시 전체에 아름답고 상징적인 건축물이 빼곡하고, 그 안에는 진귀한 예술품과 골동품이 가득 차 있다.

이러한 사실을 확인하는 데 센강을 따라 걷는 산책로만큼 효율적인 것도 없다. 날씨가 좋을 때 파리를 여행한다면 하루 정도 시간을 들여 파리 동쪽부터 서쪽까지 센강을 따라 천천히 걸어 보시라. 유서 깊은 다리는 물론이요, 노트르담 성당부터 루브르궁, 오르세 미술관과 오랑주리 미술관, 에펠탑까지 이 길에서 만나 볼 수 있다. 이 거대한 파노라마는 센강을 중심으로 흘러온 도시의 역사를 느끼게 해 준다. 뿐만 아니라 반짝거리는 강물, 한가로운 유람선, 강가에 걸터앉아 맥주를 마시는 형형색색의 사람들을 보는 것만으로 여행의 기쁨이 차오를 것이다. 센강의 여유로움과 자유는 파리를 거쳐 간 수많은 예술가들이 남긴 유산 중 하나다.

나는 미술관을 누비는 것 이상으로 그들이 강가나 골목, 어쩌다 하수도에라도 흘렸을지 모르는 예술혼 같은 것을 찾아 헤맸던 것 같다. 〈미드나잇 인 파리, 2012〉의 주인공, 길처럼, 정확히 그랬다. 그래서 나의 파리 이야기는 여느 여행자들이 찾는 공간에 대한 소개나 단상 외에도 매일 산책을 하고, 동네 서점을 탐방하고, 와플과 아이스크림을 사 먹고, 노천카페를 전전하고, 비를 맞기도 하면서 얻은 영감과 감동으로 채워져 있다. 물론 내 인생의 거의 전부라 할 수 있는 영화 이야기도 빼놓지 않았다. 이제 파리를 떠올릴 때 더 이상 그 영화들의 도움을 받지 않아도 된다는 것은 파리 여행의 큰 수확이다.

나의 이야기가 독자들에게 파리의 숨어 있는 매력을 만나게 해 주는 시간이 되길 바라며.

몽마르트르
Montmartre

◖

예술과 낭만이여
영원하라

'난 망했다.'

앤디 위어의 소설, 『마션』의 첫 문장이다. 동료들과 화성을 탐사하러 갔다가 불의의 사고로 혼자 외딴 별에 남게 된 마크 와트니는 자신의 처지를 이렇게 요약한다. 난 완전히 망했다*(I'm pretty much fucked.)*고. 한국어 번역본에는 훨씬 센 단어로 표현되어 있으나 교양 있는 독자들을 위해 '망했다' 정도로 해 두자.

샤를 드골 공항에 도착한 내 심경이 딱 그랬다. 떠날 때부터 혼자였고, 낯선 곳에 혼자 남게 될 걸 미리 알았다는 점이 맷 데이먼* 아니 마크 와트니와는 다르지만, 공황 상태에 빠졌다는 사실만큼은 같다. 글쎄, 지금 돌아봐도 신기한 일이다.

낙천적인 사람도 아니고 준비성이 없다는 얘기를 들어 본 적도 없건만 4개월간의 인생 여행 첫날을 계획하는 데 나는 몹시 헐렁했다. 프랑스어라곤 '봉쥬', '메흐시' 두 마디밖에 모르면서 앞으로 여행의 중핵이 될 3G 유심칩을 동기화시켜 오는 걸 잊어버렸다. 게다가 호텔의 위치도 제대로 확인하지 않았으며, 공항에서 호텔까지 가는 방법조차 모르고 있었다. 구글 맵 하나만 철석같이 믿고 있었는데, 그건 내 오래된 아이폰의 3G 인터넷이 제대로

---

* 맷 데이먼이 앤디 위어의 동명 원작을 영화화한 〈마션, 2015〉에서 마크 와트니 역을 맡았다.

작동한다는 전제하에 유용한 것이었기에 대책이 없는 것이나 마찬가지였다.

뭐, 마크 와트니처럼 정신을 바짝 차리고 하나씩 일을 풀어 가는 수밖에. 하지만 그는 엔지니어였고 생물학자였다. 부서진 기계와 임시 기지를 수리하고 물과 거름을 만들고 감자를 재배해 화성에서 살아남을 가능성이 원래 충분했다. 나는? 고작 한국 로맨틱 코미디 연구로 학위를 받은 영화학자인데, 그런 게 거미줄 같은 파리의 골목에서 길을 잃지 않게 해 주는 데 무슨 도움이 될까.

천만다행히도 몇 번의 시도 끝에 유심칩이 작동하기 시작해서 나는 드골 공항에서 파리행 열차를 탈 수 있었다. 내 체중보다 훨씬 무거운 짐 가방 세 개를 밀고 메고 끌면서 파리 북역 근처의 호텔까지 가는 여정은 이루 말할 수 없이 고단했다.

계속 주위를 살피느라 메트로 B라인에서 먼저 시야에 들어왔을 파리의 첫 모습 같은 것은 기억도 나지 않는다. 북역에는 검은 비닐 쓰레기들이 바람에 날리고 있었고, 덩치가 큰 흑인을 비롯해 다양한 인종의 사람들이 무리 지어 있었다. 사람들의 얼굴색과 체형의 넓은 스펙트럼을 보며 파리 북역이 유로스타, TGV 등 고속열차의 시작점과 종착점으로, 유럽에서도 손꼽히는 규모의 역이라는 사실을 실감했다.

호텔을 찾느라 잠시 서서 아이폰을 만지작거리고 있을 때, 나보다 키가 한참 작은 이탈리아 할아버지가 말을 걸어왔다. 지하철을 갈아탈 때 짐을 함께 옮겨 주었던 고마운 분이다. 프랑스어를 전혀 못하는 동양 여자와 영어를 전혀 못하는 이탈리아 할아버지는 호텔에 도착할 때까지 동문서답을 해야 했지만 우리는 대신 커다란 미소로 마음을 전했다.

조식까지 하루에 6만 원이었던 호텔 - 여관이라고 해야 마땅할 - 은 딱 6만 원어치만큼의 서비스만 하기로 작정한 듯 허름했다. 우즈베키스탄에서 왔다는 프런트 청년이 실망한 마음을 다독여 주었다. 여권을 보더니 깜짝 놀라며 내가 열여덟 살로 보인다는 것이다. 그는 입에 발린 말이 아님을 강조했고, 나도 한국에서는 어려 보인다는 말이 단군 이래 최대 칭찬이라는 걸 굳이 이해시키려 하지 않았다.

정말 다행이다. 파리의 첫인상이 고풍스런 건물이나 멋지게 차려입은 '패션 피플'이 아니라 친절함이어서. 그런 감사함 속에 한국에서의 괴로움도, 숙소에 대한 실망감도, 내일에 대한 불안감도 꿈결 속으로 아련해져 갔다. 파리의 첫날 밤이 서울에서와 같은 속도로 째깍째깍 흘렀다.

다음 날 오전, 택시를 탔다. 기사님에게 에어비엔비 숙소 주소

와 지도를 내밀었더니 10분이면 도착한다고 했다. 숙소는 몽마르트르 언덕 남쪽으로 걸어서 15분 거리에 있는 복층 플랫이었다. 에어비엔비는 장기 투숙의 경우 호텔보다 저렴하게 방을 구할 수 있고 현지인의 집에서 살아 본다는 장점이 있다. 반면 환불 정책이 까다롭고 동네 분위기나 집을 미리 확인하기 어렵다는 것이 단점이다.

나는 파리에서의 체류 날짜가 확정되는 즉시 웹 사이트를 샅샅이 뒤져 방을 구하기 시작했고 정말 많은 시간과 공을 들여 패니의 집을 예약했다. 집 크기는 물론이요, 교통, 안전성, 편의성, 책상 유무, 주인의 흡연 여부까지 따져 봤다. 표시되지 않은 정보에 대해서는 집주인들에게 이메일로 물어보기도 하면서 까다롭게 굴었다. 여행의 만족은 숙소에서 나온다는 걸 나이가 들수록 크게 느꼈기 때문이다.

결과는 대만족이었다. 기다란 직사각형 구조로 되어 있는 이 플랫은 1층(유럽식으로 말하자면 0층)에 있었는데, 문을 열고 들어서면 작은 주방과 거실, 테이블이 있고, 아래층으로 내려가는 나선형 계단을 지나면 커다란 침대가 있었다. 아래층에는 샤워 부스와 세면대, 화장실, 세탁기와 옷장 등이 있었는데 아주 깨끗하고 공간도 넉넉했다. 화이트 톤으로 정갈하게 꾸며진 집 곳곳에서는 주인의 세련되면서도 발랄한 취향이 느껴졌다. 벽면의 액자들은 모두 세트로 구성되어 반듯하게 걸려 있고, 작은 소품이나 램프 하나에도 신경을 많이 쓴 집이었다.

몽마르트르 언덕에 대한 감상기는 호불호가 갈리는데, 바로 아랫동네에 살게 된 이방인에게는 산책 겸 자주 가게 되는 곳이었다. 패니의 플랫에서 큰길로 나가 북쪽으로 5분만 올라가면 섹스토이와 포르노 비디오를 파는 숍들이 즐비한 대로가 나오고 그곳을 가로질러 올라가면 바로 몽마르트르 언덕이다.

내가 패니의 집에 묵는다고 했을 때 파리에서 유학중인 친구 H는 다소 탐탁지 않아 했다. 한 블록 위가 유흥업소가 많은 우범지역이기 때문이다. 그러나 적어도 나에게는 단점보다 장점이 많은 곳이었다. 걸어서 15분 만에 달리 미술관에 갈 수 있다면 근처

한 군데쯤 지뢰가 깔려 있다고 해도 발꿈치를 들고 슬금슬금 다녔을 것이다.

해발 130미터인 몽마르트르 언덕은 파리에서 가장 높은 곳으로 파리의 시내를 한눈에 내려다볼 수 있는 관광지다. 눈부시게 하얀 사크레쾨르 대성당 앞으로는 언덕을 내려가는 계단이 양쪽으로 카펫처럼 쭉 뻗어 있고 그 가운데 녹색 융단 같은 잔디밭이 깔려 있다.

비잔틴 양식과 로마 양식을 절충해 지었다는 우아한 사크레쾨르 대성당을 조금만 돌아 나가면 완전히 다른 분위기의 테르트르 광장이 펼쳐진다. '화가들의 광장'이라고도 불리는 곳이다. 무명 화가들이 제각각의 스타일로 그려 낸 몽마르트르와 파리의 풍경, 그것을 구경하러 전 세계에서 몰려든 관광객, 분주한 기념품 가게들까지 시끌벅적 들뜬 분위기를 형성하고 있어 에너지가 느껴진다.

근처에 있는 달리 미술관도 볼거리가 많지만, 내가 가장 좋아했던 곳은 달리 미술관 근처에 있는 '몽마르트르 미술관'이다. 볕이 잘 드는 아기자기한 정원과 몇 개의 작은 건물에 이곳을 거쳐 갔던 예술가들과 그들의 활동, 작품이 전시되어 있다.

1870년대에 몽마르트르는 이미 화가들에게 성지 같은 곳이었다. 전원의 아름다움, 편안한 분위기, 특별한 햇살이 있었기에 많

파리,
왜 거기였을까?

Paris
윤성은

은 화가가 여기서 커뮤니티를 이루고 명작을 완성했다.

미술관 한 층에는 그들이 작업했던 아틀리에를 재구성해 놓은 방이 있다. 그곳에 한 발짝을 들였을 때 나는 영화 세트장을 방문했을 때보다 더 흥분하고 말았다. 탁 트인 창밖으로는 커다란 나무의 연녹색 이파리와 벽돌색 지붕이 보이고 한쪽에는 당대의 모델들이 앉았을 의자가 무질서하게 놓여 있었다. 시간을 머금은 딱딱한 물감의 질감, 땀 냄새가 날 것만 같은 수건, 닳고 닳은 나무 바닥의 삐걱거림까지 신비로웠다.

르누아르, 마네, 모네, 세잔은 물론이고 고흐, 고갱, 피카소, 모딜리아니까지 이곳을 다녀갔다고 하니, 대표적 작가나 화풍을 운운하기는 어렵지만 나에게는 '몽마르트르의 미술관' 하면 아무래도 알렉상드르 슈타인렌이나 로트렉의 그림이 먼저 떠오른다.

스위스인인 슈타인렌은 당대의 예술가들이 교류했던 '르 샤 노아(*Le Chat Noir*, 검은 고양이라는 뜻)'라는 카바레에 드나들면서 주로 파리의 일상과 고양이를 주제로 풍자화를 그려 각종 신문과 잡지에 기고했다. 커다란 검은 고양이 한 마리가 꼬리를 말고 위풍당당하게 정면을 보고 있는 그림, 빨간 드레스를 입고 앉아 있는 소녀 앞으로 고양이들이 모여 있는 그림은 지금도 파리의 기념품 가게에서 쉽게 만날 수 있다.

로트렉은 일본 판화의 영향을 받은 아티스트로, 광고 포스터를 많이 제작했다. 그의 그림에서는 친근하면서도 율동감 있는 검은 색 실루엣에 끌리게 된다. 캉캉 무용수였던 잔느 아브릴의 아름다운 옆모습이 우리에게 잘 알려진 것은 그 때문일 것이다. 소위 '벨 에포크(La belle époque, 황금시대)'의 중심에 있었던 이들의 작업은 후대의 예술가들에게 동경과 부러움의 대상으로 남아 있다. 시간 여행을 하게 된 〈미드나잇 인 파리〉의 여주인공 아드리아나도 이 예술과 낭만의 시대에 영원히 머물고 싶다고 말한다. 그녀가 헤밍 웨이, 피카소와 사랑을 나눴던 1920년대를 버리고 말이다!

나는 몽마르트르를 배경으로 유수의 예술가들이 만나고, 우정을 쌓고, 갈등도 겪으며 작업했다는 점만큼이나 그들이 이곳을 '거쳐 갔다'는 점을 계속 생각하게 된다. 많은 아티스트들이 선배 혹은 동료가 영감을 받았던 이 공간에 머물며 일하다가 또 다른 곳을 향해 떠나갔다. 그리고 몽마르트르는 다시 그들의 예술을 흠모해 온 이들의 작업터이자 안식처가 되었다.

파리에서 겨우 4주 정도밖에 머물 수 없었던 나는 다소 애매한 관광객일 뿐이었지만 파리가 가진 문화적 유산의 향기에 이끌려 일생일대의 모험을 했다는 것만큼은 분명하다. 머무는 동안 어떻 게든 그 향기를 깊숙이 들이마셔 기관지에, 피부에, 눈동자에 새 겨보리라 연신 다짐했다. 돌아와서도 오랫동안 잊지 않도록. 몽마르트르에 잠시 머물렀던 예술가들도 분명 그랬을 것이다.

무지갯빛
문화와 예술이 있는 곳

〈사랑해, 파리, 2006〉는 파리의 매력과 특색을 듬뿍 담은 열여덟 개의 에피소드로 구성된 영화다. 올리비에 아사야스, 코엔 형제, 알폰소 쿠아론, 톰 티크베어 등 유수의 감독이 5분 남짓한 각각의 에피소드를 연출했다. 한 도시에 대한 거장들의 다양한 시각과 개성 있는 스타일을 비교해 볼 수 있다는 것이 〈사랑해, 파리〉를 감상하는 큰 즐거움이다.

이 중 구스 반 산트 감독의 '마레 지구' 편은 판화 공방에서 일하는 한 젊은이가 가게 밖에서 담배를 피우는 모습에서 시작한다. 허드렛일에 지친 듯한 그는 손님들에게 와인을 갖다주고 화면 밖으로 사라지는데, 잠시 후 손님 한 명이 그에게 말을 걸어온다. 건장한 체격의 또래인 그는 공방 청년에게 "우리 어디서 만난 적 없나?"라는 진부한 멘트를 던지더니 반응이 별로 없자 곧 "전생에 알았던 것 같아", "널 보자마자 말을 걸고 싶었어" 등 국제 공인 작업 2단계로 넘어간다. 선수임을 입증하듯 긍정적인 대답이 돌아올 수밖에 없는 질문도 던진다. "재즈 좋아해?"라는 물음에 공방 청년이 덥석 "응"이라고 답하자 그는 찰리 파커, 커트 코베인을 들먹이며 잔뜩 입질을 해 놓고 확인사살이랄까 마무리로 전화번호를 써 준 후 공방을 나간다. 자리를 비웠던 사장이 청년에게 무슨 일이냐고 묻자 그는 영어로 대답한다. "거의 못 알아들었어요. 난 아직 불어가 서툰데." 뒤늦게 상황을 깨달은 청년은 마지막 장면에서 손님을 쫓아 거리를 뛰어간다. 그가 갔던 것과는 반대 방향으로.

〈굿 윌 헌팅, 1997〉으로 잘 알려진 구스 반 산트 감독은 〈밀크, 2008〉라는 샌프란시스코의 게이 정치가 영화를 만들기도 했다. 파리의 마레 지역이 그에게는 샌프란시스코의 카스트로 지역을 연상시켰음에 틀림없다. 4구와 3구에 걸쳐 있는 마레 지역에는 게이 바, 게이 갤러리 등 게이 타운이 형성되어 있기 때문이다.

그 밖에도 이곳은 다양한 문화권의 사람들이 모이는 곳이기도 한데, 옷차림 때문인지 단연 눈에 띄는 것은 유태인들이다. 그들은 유대 역사 박물관, 유대 교회당, 홀로코스트 추모관 등을 중심으로 커뮤니티를 형성하고 있다.

공방 청년이 달리는 거리에는 여러 인종의 사람들과 쇼핑 거리, 보주 광장, 빅토르 위고의 집 등이 등장한다. 구스 반 산트 감독은 다른 언어를 사용하는 두 청년의 만남을 테마로 공방의 실내와 야외 거리, 고풍스런 건물과 새로 지은 건물 등을 대비시킴으로써 다양한 문화가 공존하는 마레의 특징을 묘사하고 있다. 그러니 뛰어난 감독에게 6분은 결코 짧지 않은 러닝 타임이다. 120분을 보았는데도 무슨 말을 하고 싶은지 알 수 없는 영화를 만드는 연출가들은 〈사랑해, 파리〉 같은 작품을 보며 반성해야 한다.

Paris
윤성은

파리의 중심부답게 마레에는 가장 많은 지하철이 밀집되어 있다. 트렌디한 카페와 음식점이 많은 데다 쇼핑하기도 좋고, 노트르담 성당, 루브르 박물관 등 주요 관광지를 걸어서 이동할 수 있어 관광객에게 인기가 높은 곳이다. 나 역시 파리에서 가장 먼저 '구경'이라는 걸 했던 곳이 바로 마레 지구다.

이곳에서 박사 과정을 밟고 있는 친구 H 작가는 말 그대로 '엄친딸'인데, 파리에 도착한 지 24시간쯤 된 나에게 '상 폴Saint Paul' 역에서 만나자고 했다. 여행안내 책자에서 오려 낸 지하철 노선도 한 장을 달랑 들고 더듬더듬 상 폴역에 내려 지상으로 나갔을 때 나는 캠퍼스에 처음 들어온 대학 신입생 같은 심정이었다. 겉으로는 이방인으로 보이지 않으려 안간힘을 쓰고 있었지만 누가 봐도 얼굴은 긴장으로 굳어 있었을 것이다. 그렇게 나는 만리타향에서 '배꼽 친구' H와 감격스런 상봉을 한 후, 손을 꼭 잡고 마레 지구를 활보했다.

"여자끼리 이렇게 다니면 동성애자인 줄 알겠지?"

"여기가 좀 그런 지역이긴 한데, 난 상관없어."

그래, 남들이 어떻게 생각하든 무슨 상관이 있겠는가. 그들도 여성끼리의 가벼운 스킨십이 자연스러운 우리 문화를 존중해 줄 필요가 있다. 나는 그때 사실 어린애처럼 H의 손을 의지하고 있었다.

꽤 어둑해진 시각, 아직 봄을 덜 머금은 쌀쌀한 바람이 짓궂게도 얇은 트렌치코트를 연신 들추며 지나갔다. 시차와 피로함으로 정신이 없었지만 덕분에 그날 저녁 보았던 센강 위의 오묘한 하늘빛과 노트르담 및 시청사의 야경은 아직도 꿈결처럼 내 눈 깊숙한 곳에 새겨져 있다.

이틀 후, 나는 마레 지구 북쪽에 있는 퐁피두 센터에서 다시 H를 만나기로 했다. 여기서 잠깐, 여행안내 책자를 보면 퐁피두 센터를 마레 지구에서 소개한 책도 있고, 보부르(시청) 지구에서 소개한 책도 있는데, 행정구역상으로는 3구이고 마레 지구의 끝자락에 있다고 보면 된다.

1977년에 개장한 이 국립현대미술관은 설립을 추진한 19대 프랑스 대통령, 조르주 퐁피두의 이름을 따서 퐁피두 센터로 불린다. 대통령 이름이 붙어 있는 미술관이라. 대통령 이름이 붙은 공항(샤를 드골)과 마찬가지로 내게는 좀 이상하게 들리지만 외국에서는 꽤 자연스러운 작명인 것 같다.

퐁피두 센터는 처음에는 철근과 에스컬레이터 등 내부 구조가 돌출되어 있는 데다 알록달록한 유리 튜브의 색깔 때문에 흉물스럽다는 비난을 받았다고 한다. 얼핏 파리의 고풍스런 건물들과 잘 조화되지 않는 것은 사실이지만 광장에 모여든 비둘기, 비눗방울 퍼포먼스를 하는 아티스트와 구경꾼이 어우러진 풍경에서 -

에펠탑이 그랬던 것처럼 - 이 건축물도 세월과 함께 파리의 일부가 되었다는 느낌을 받았다. 미술관과 도서관뿐 아니라 공업디자인센터, 콘서트홀, 현대음악연구소*IRCAM*, 영화관까지 갖춘 퐁피두 센터는 마레 지구의 성격과도 잘 어울리는 곳이다.

마침 폴 클레의 특별전이 오픈하는 날이어서 건물 밖으로 150미터쯤 줄이 서 있었다. 테러 방지를 위한 소지품 검사 때문에 건물에 들어가는데만 1시간가량이 걸렸다. 그리고 전시회 티켓을 끊은 다음 폴 클레의 전시관에 들어갈 때까지 또 1시간 반 정도를 기다려야 했지만 아무도 짜증을 내거나 주저앉지 않고 꼿꼿이 차례를 기다렸다.

그중, 한국이었다면 지하철에서도 만나기 어려울 만큼 연세가 지긋한 어르신들이 대화를 나누며 줄을 서 있는 모습은 정말 인상적이었다. 경제적, 지적 수준을 떠나 그 연세에는 정말 좋아하지 않는 일이라면 이 정도 수고를 감당하지 않을 것이다. 조명에 유난히 반짝이는 그들의 희끗한 머리카락을 보면서 문화적 다양성이란 동시대적*contemporary* 다양성뿐 아니라 시간을 초월하는 *all-time* 다양성도 포함한다는 생각을 하게 됐다.

다행히도 폴 클레의 그림은 2시간 반 동안 서 있었던 이들의 피로를 한순간에 씻겨 줄 만큼 황홀했다. 흑백의 판화도 좋았지만 그가 캔버스 위에 펼쳐 놓은 색채의 향연에는 완전히 빠져들

수밖에 없었다. 범인들이 '빨간색'이라고 통칭하는 색깔이 그게 는 서른 개쯤의 다른 색깔로 보이는 모양이다. 내게는 피카소보 다 부드럽고도 엄격해 보이는 면이 좋았는데, 피카소가 천재라 면, 폴 클레는 피카소보다는 조금 덜 알려진 천재쯤 되지 않을까.

백발의 할머니들, 폴 클레와 함께 퐁피두 센터를 더욱 특별 한 곳으로 만들어 준 것은 서점에서 말을 걸어왔던 '파흑'이었 다. 1층 서점의 영화 코너에서 영어로 된 책이 없는지 살펴보고 있을 때, 누군가 옆에 서는 게 느껴졌는데 그가 바로 큰 키에 금 발 곱슬머리를 가진 파흑이었다. 처음에는 그가 말을 거는 대상 이 내가 아닐 거라고 생각했지만 - 정확히는 내가 아니길 바랐지 만 - 유감스럽게도 내 주위에는 아무도 없었고 파흑은 나를 뚫어 져라 보고 있었다. 〈사랑해, 파리〉의 공방 청년과 달리 나는 정말 미안한 표정을 지으며 영어로 불어를 못한다고 반사적으로 말했 다. 그랬더니 그는 유창한 영어로 다시 말을 걸어왔다. 영어도 잘 못한다고 말할 틈은 미처 없었다.

"영화 공부하는 학생이야?"

"음. 그렇다고 볼 수 있지. 너는? 영화 공부해?"

"어. 난 시나리오를 쓰고 있어."

영어를 잘한다고 말해 줬더니, 그는 뉴욕에 7년이나 있었다고

파리,
왜 거기었을까?

대답했다. 콜롬비아 대학에서 영화 MFA(제작 석사) 과정을 마쳤단다. 나는 두 달 후 뉴욕에도 갈 계획이었으므로 우리는 갑자기할 이야기가 많아졌다. 그는 뉴욕도 좋지만 다양한 영화를 보기에는 파리가 최고라고 했다. 대화에 더욱 윤기가 돈 건 그 다음이었다.

"어디서 왔어?"

"한국."

다음 순간, 파흑은 김기덕, 봉준호, 박찬욱, 홍상수, 이창동 등의이름을 줄줄 읊으며 한국 영화를 정말 좋아해서 심지어 가을에는한국을 방문하려고 준비 중이라고 했다. 그는 아시아 영화 중 한국 영화의 독창성에 대해 얘기했고 김기덕보다는 박찬욱의 팬이라고 했다. 나의 취향을 기준으로 썩 괜찮은 사람인 것 같았다. 이정도면 콜롬비아 대학에서 영화를 전공했다는 게 거짓말은 아니리라. 우린 곧바로 이메일 주소를 교환하고 '친구'가 되었다.

언어가 통하지 않아도 '재즈'에 대해서만큼은 통했던 〈사랑해,파리〉 속 인물들처럼 우리는 영화라는 공통의 관심사를 통해 서로의 캐릭터를 파악하며 가까워질 수 있었다. 둘 다 시나리오를쓰고 있다는 점까지 닮아 있어서 늘 할 얘기가 무궁무진했다.

어디보자. 이런 얘기도 영화로 만들어질 수 있을까? 서점이라는 공간도 공방만큼 매력적이고, 한국 여자와 프랑스 남자의 만남도 뭐, 나름 흥미롭다. 그러나 결정적으로 결말이 너무 싱겁다. 이렇게 친구가 되는 건 마레 지구에서는 늘 있는 일일 테니까.

　에필로그. 파흑은 그해 가을 정말 한국을 방문했고, 나는 그에게 광화문 교보문고와 씨네큐브를 소개해 주었다. 8개월 후에는 다시 파리에서 만나 오랫동안 수다를 떨었다. 그는 사실상 4개월간의 여행 중에 우연히 만나 친구가 된 유일한 외국인이다. 지금도 우리는 가끔 메일로 안부를 묻곤 한다. 단, 우정을 위해 "시나리오 어떻게 돼 가?"라는 질문만큼은 하지 않기로 했다. 상대방이 먼저 완성되었다고 하기 전까지는.

셰익스피어 앤 컴퍼니와 노트르담 성당

Shakespeare and Company

❮

셰익스피어 앤 컴퍼니에서
만난
노트르담의 꼽추

파리의 일과는 비교적 단순했다. 산책을 하고, 독서를 하고, 한 장의 CD를 반복해 듣고, 과일과 요거트와 시리얼을 먹으면서 신선처럼 지낸 날들이었다. '내가 정말 이러고 있어도 되나'라는 불안감, 무기력증과 불면증에 종종 시달리기도 했지만 적어도 음식으로 고생하거나 향수에 빠지는 일은 없었다. 그러니 '파리에서 한 달 살아 보기' 프로젝트는 꽤 성공적이었던 셈이다.

산책을 하면서 가장 먼저 '일부러' 방문한 곳은 셰익스피어 앤 컴퍼니였다. 영화는 1년에 500편 이상 보지만 독서량은 글쎄, 영화의 10분의 1정도 될까? 고백하건대 나는 책을 읽는 것보다 사는 걸 더 좋아하는 사람이다. 한 권을 다 끝내기 전에 새 책을 사고야 마는 나쁜 습관까지 갖고 있다. 하지만 파리에서 지내는 동안만큼은 영화보다 독서가 생활의 중심이었던 것이 사실이다. 여행을 위해 일을 그만두면서부터 영화 이외의 취미를 확실히 만들어야겠다는 결심을 했기 때문이다. 절대로, 대한민국에서 제일 잘나가는 모 영화 평론가가 독서 팟캐스트를 하기 때문은 아니다.

셰익스피어 앤 컴퍼니는 1919년에 문을 연 영미 문학 전문 서점으로 〈비포 선셋, 2004〉, 〈줄리 앤 줄리아, 2009〉, 〈미드나잇 인 파리〉 등 영화에도 자주 등장했던 곳이다. 피츠제럴드나 헤밍웨이도 즐겨 찾았을 만큼 작가들에게 사랑받았던 유서 깊은 곳이기

Paris
윤성은

도 하다. 서점 일을 돕는 조건으로 숙박을 제공하기도 한다니, 책을 좋아하는 사람들에게 이보다 이상적일 수는 없다.

예상대로 책을 사려는 사람보다 구경꾼이 더 많았다. 파리에서는 영어로 된 안내문을 보기가 어려운데, 이곳은 영미 문학을 취급하는 데다 관광객이 많아서 그런지 사진을 찍지 말아 달라는 메모가 영어로 붙어 있었다. 하지만 플래시를 끄고 다른 사람을 방해하지만 않으면 사진 촬영을 만류하지는 않는다.

현대식 서점에서 볼 수 없는 낡은 책장과 기둥은 모두 나무로 된 것들이었다. 2층에는 판매하지 않는 오래된 책들과 벤치가 있어서 누구든 책을 보고 다시 꽂아 놓으면 된다. 나는 쿵쾅대는 가슴을 진정시키려 애쓰며 책을 훑어 나갔다. 누군가의 손길을 기다리는 먼지 쌓인 보물이 한가득이었다. 작가 이름이나 제목만 알던 책들이 눈에 들어왔다. 그중, 고르고 고른 보물의 먼지를 털고 누런 종이를 넘기자 퀴퀴한 냄새가 코를 찔렀다. 하지만 그럴수록 영혼은 어떤 감동으로 짜릿해져 왔다.

누군가에게 좋은 선물이 될 책 두어 권과 나를 위한 책을 한 권 샀다. 나를 위한 책은 빅토르 위고의 『노트르담의 꼽추』. '컬렉터스 라이브러리collector's library'에서 출간한 책인데 하드커버지만 성경책처럼 얇은 종이에 깨알 반쪽만 한 글씨가 인쇄돼 있어서 662페이지짜리 책이 가볍게 한 손에 들어온다. 물론 영문으로 완독할 용기나 계획은 없다. 그저 기념품이다. 서울에 가면 곧바로 서가의 장식품이 될 것이다. 변명의 여지 없이 허영이지만 기념품에도 다 사연은 있다.

우선, 빅토르 위고를 좋아한다. 그는 상습적으로 불륜을 저질렀고 간통 혐의로 수감된 이력도 있는 만큼 좋은 남편은 아니었지만, 세계적인 문호임에는 틀림없다. 그의 작품에서 느낄 수 있듯 그는 인도주의적 신념을 가진, 정치적으로 올바른 인물이었다. 프랑수아 트뤼포의 〈아델 H 이야기, 1975〉는 그의 딸에 관한 영화인데 내가 한국에서 들고 갔던 유일한 DVD다. 배경도 미국이고 빅토르 위고도 등장하지 않지만 나는 이 프랑스 영화를 그의 영혼이 깃들어 있는 파리에서 꼭 다시 보고 싶었고, 유난히 잠이 오지 않던 새벽에 그 계획을 실행하며 청승맞게도 펑펑 눈물을 쏟았다.

아델은 영국에서 만난 알버트 핀슨이라는 장교와 사랑에 빠져 그의 부대가 체류하는 미국 할리팩스까지 따라간다. 귀족 처녀 혼자서 장거리 여행을 한다는 건 당시로서는 상상하기 어려운 일이었다. 그러나 장교의 마음은 이미 아델에게서 떠난 상태였기에 아델의 외사랑은 점점 집착과 광기로 변해 간다. 언니가 열아홉에 물에 빠져 죽고, 아버지는 망명 중이고, 어머니는 병든 상황에서 그녀가 자신의 실존을 스스로 증명하는 길은 오로지 누군가에게 사랑을 표현하는 것이었을지도 모른다.

아버지를 닮아 글 쓰는 데 소질을 보였던 아델은 재능을 제대로 꽃피워 보지도 못한 채 정신병원에서 일생을 마감한다. 촬영 당시 스무 살 정도였던 아델 역의 이자벨 아자니는 너무나 예뻐서 세상 어떤 남자가 그녀를 배신할 수 있을지 영화에 몰입이 안 될 정도다. 그런데 더욱 놀라운 건 그 어린 나이에 실연의 충격으로 피폐해져 가는 예민한 영혼을 훌륭하게 연기해 냈다는 것이다. 최근에는 국내 개봉작이 많지 않지만 이자벨 아자니의 재능은 두 살 많은 이자벨 위페르를 위시해 그 어떤 프랑스 여배우 못지않다고 생각한다.

한편, 딸의 행복과 건강을 바라는 빅토르 위고의 서신에서는 부성애와 자애로움이 물씬 느껴진다. 익사한 딸에 앞서 3개월 된 아들도 잃었던 그는 여러모로 불행한 가족사를 딛고 많은 이들에게 감동을 준 위인이다. 그런데 왜 그의 책 중『노트르담의 꼽추』를 골랐냐고? 그야 이 소설이 19세기 낭만주의 문학의 대표작이며 에스메랄다를 향한 콰지모도의 순애보가 소싯적 나의 심금을 울렸기 때문…이기도 하지만 사실, 셰익스피어 앤 컴퍼니와 노트르담 성당은 지척에 있다. 때로는 단순해지는 것도 나쁘지 않다.

행정구역상으로는 나누어져 있으나 이 100년 된 녹색 간판의 서점에서 불과 200미터 떨어진 곳에 있는 700년 된 성당이 바로

'우리 어머니' 혹은 '귀부인', 곧 '성모 마리아'라는 의미를 가진 노트르담 성당이다. 1163년 착공해 1320년경 공사가 끝난 이 아름다운 고딕 건축물은 파리의 지난한 역사를 함께해 온 세상에서 가장 유명한 성당 중 하나다.

아시아권 안내 책자가 불교 사원 중심으로 되어 있는 것과 마찬가지로 유럽 여행안내 책자는 성당 소개로 가득 차 있다. 어떤 도시를 방문하든 '대성당'이 관광 명소로 소개되어 있는 것이다.

엄마와 스페인을 여행할 때였다. 기독교인인 우리 모녀는 처음에 가이드북에 나와 있는 성당을 차례로 방문하며 그 웅장한 규모와 아름다움에 감동하곤 했다. 건물 자체가 하나의 거대한 종합 예술 세트였고 정교한 내부 장식과 분위기는 종교적 의미뿐 아니라 정치문화사까지 머금어 더욱 마음을 숙연하게 했다. 그런데 서너 개의 도시를 돌고 나자 성당 '관광'에 대한 만족도가 현저히 떨어져 갔다. 규모로는 유럽에서 세 번째로 크다는 세비야 대성당을, 심미적으로는 19세기 말부터 축조 중인 사그라다 파밀리아 성당을 따라올 수 없을 것 같았고, 특별한 이유가 없다면 굳이 도시마다 있는 성당을 보기 위해 많은 품을 들일 필요는 없다는 게 모녀가 내린 결론이었다. 신앙심과는 별개의 문제다.

그러나 파리의 노트르담은 꼭 들러야 하고 들를 수밖에 없는 곳이다. 에펠탑과 함께 파리의 랜드마크라 할 수 있는 이 성당은

파리,
왜 거기였을까?

잔 다르크의 명예회복 재판, 앙리 4세의 결혼식이 있었던 공간인데 대혁명기에는 창고로 사용되는 수모를 겪기도 했다. 그러나 나폴레옹 1세가 미사를 부활시키고 황제 대관식을 이곳에서 거행하면서 차츰 지위를 되찾아 오늘날에는 파리의 명소로서 전 세계 여행객들의 추억 한편에 자리 잡게 되었다. 『노트르담의 꼽추』는 노트르담 성당이 명예회복을 하는 데 일조한 작품이라는 의의도 있다.

나는 천주교인인 친구 H를 따라 주일 저녁에 이곳에서 미사를 드리기도 했다. 성당 결혼식에 참석했던 것을 제외하면 미사를 드려 본 경험이 전혀 없었기 때문에 긴장도 됐지만 대체로 설레는 경험이었다. 개신교 예배와는 또 다른 차원의 엄숙한 분위기가 오히려 마음을 들뜨게 했던 것 같다. 어릴 적, 부모님이 교회에 갈 때만큼은 차려입으셨던 것처럼 나도 그날은 오랜만에 치마와 블라우스를 입고 높은 구두를 신었다.

그날, 미사의 내용을 나는 한 마디도 알아들을 수 없었지만 파리지앵들과 종교적으로 교감하는 새로운 경험을 했다. 높은 천장과 차분한 조명 아래 울려 퍼지는 기도와 찬송, 그 청아한 목소리와 군중을 압도하는 신성한 기운이 나의 귓가와 살갗에 머물러 있어 언제든 다시 그 순간을 재생시킬 수 있을 것만 같다.

약 천 년 동안 유럽에 크리스트교가 큰 저항 없이 지속될 수 있었던 것은 이처럼 특별한 경험을 제공했기 때문이 아닐까. 동네 중심에 있는 가장 크고 아름다운 건축물에 매주 온 마을 사람이 모여 경건한 의식을 행하는 경험 말이다. 물론, 그 의식*ritual*과 권위가 성경 말씀보다 중요해지면서 타락하게 된 것은 참으로 안타까운 일이다. 종종 스토리텔링보다 스타일에 더 비중을 두는 평론가로서 다시 한번 '형식'의 의미를 생각하게 되는 시간이었다.

관광객이 아니라 한 명의 성도로 입장했기 때문에 성당 내부 사진은 찍지 않기로 마음먹었다. 돌아와서 블로거들이 올려놓은 멋진 사진들을 보며 꽤나 후회했지만, 나름대로 명분이 있었으니까. 셰익스피어 앤 컴퍼니에서 사 온 『노트르담의 꼽추』를 만지작거리며, 동명의 디즈니 애니메이션을 보며 아쉬움을 달랠 수밖에.

오르세와 루브르, 오랑주리
Musée d'Orsay

영화와 그림이
만났을 때

거기에 그 그림이 있었다. 내가 태어날 때까지는 기차역이었다는 미술관 상층에 그 아름다운 그림이 무심하게 걸려 있었다. 〈아를의 별이 빛나는 밤에〉는 관람객에게 몇 겹으로 둘러싸여 있어 까치발을 들며 기웃거리다 탄성을 내뱉게 되는 작품이었다.

무엇 때문이었을까. 아직도 이해하기 어려울 만큼 나는 이 그림 앞에서 눈물을 펑펑 쏟았다. 20년간 흠모해 왔던 이와이 슌지 감독을 처음 만나고 이야기를 나눴을 때도 그렇게 북받치는 감정은 올라오지 않았다. 고흐를 무척 동경했지만 우상이라고 할 수는 없었고, 〈아를의 별이 빛나는 밤에〉를 가장 좋아했지만 그 작품을 보기 위해 파리를 찾은 것은 아니었다. 아마도 나는 두꺼운 미술책뿐 아니라 퍼즐이나 열쇠고리, 머그컵 등에서 숱하게 보아 왔던 것과는 완전히 새로운, 원본의 '아우라Aura'에 매혹당했던 것 같다.

아우라는 유일한 원본에서만 볼 수 있는 고고한 분위기를 뜻하는 것으로, 이를 주창한 벤야민은 기술 복제 시대의 예술작품에 일어난 결정적 변화를 '아우라의 붕괴'라고 했다. 즉, 사진이나 영화는 대표적으로 아우라를 갖지 못하는 예술이다.

이미 국내에서 예술의 전당이나 서울시립미술관, 소마 미술관 등의 기획전을 통해 인상파 화가의 작품을 비롯한 명화를 수없이 감상해 왔지만, 파리에서 만난 고흐의 그림은 원본이 지닌 유일한 현존성에 오르세 미술관이라는 공간과, 여행이라는 제한적 시간까지 탑재해 거대한 광채를 뿜어내고 있었다. 아이러니한 얘기지만, 대량 복제에 의한 유일성의 상실을 대중문화의 가치라 말했던 앤디 워홀의 작품조차도 뉴욕현대미술관에서 원본을 보았을 때야 깊이 이해할 수 있었다는 점을 생각할 때, 원본을 감상하는 행위는 생각보다 훨씬 중요하다.

두말할 것 없이 파리의 미술관 중에서 내가 제일 좋아한 곳은 오르세 미술관이다. 파리를 떠나기 전날에도 무엇을 할까 오랫동안 고민한 끝에 결국 이곳에서 인상파 화가의 그림을 감상했다. 그들의 작품에는 시간을 초월해 인간의 영혼을 고양시키고 감동을 전달하는, 내가 감히 '예술'이라고 부르고 싶은 유전자가 내재해 있다. 마지막 날에는 두루두루 보기보다 몇 작품을 집중적으로 감상했는데 그러는 동안 궂은 날씨와 여독으로 경직되어 있었던 몸과 마음이 나른하게 풀리면서 영국, 미국 등 앞으로 절반 정도 남아 있는 여정을 위한 의지도 솟아올랐다.

이후, 여행 마지막 날 좋아하는 미술관을 둘러보는 것은 하나의 의식처럼 되어 버려서 나는 뉴욕을 떠나기 전날도 메트로폴리탄 'N차 관람'을 선택했다. 적어도 당시에는 그것만큼 그 도시를 오래 기억할 수 있는 방법이 없다고 느꼈다.

파리,
왜 거기였을까?

예술가들, 그중에서도 화가의 이야기를 영화화하려는 감독들의 욕망은 대개 인물뿐 아니라 그들의 작품을 스크린 안에 매력적으로 구현하는 것까지 포함한다. 마이크 리의 〈미스터 터너, 2014〉는 베테랑 촬영감독 딕 포프의 기막힌 솜씨에 힘입어 터너의 독보적인 풍경화가 어떻게 탄생했는지 실감하게 만드는 작품이다.

피터 웨버의 〈진주 귀걸이를 한 소녀, 2003〉도 베르메르와 어린 하녀 그리트 사이에 터질 듯한 긴장감을 조성해 가는 한편, 그리트 역을 맡은 스칼렛 요한슨을 실제 그림의 모델과 거의 흡사하게 만듦으로써 감탄을 자아낸다. 스칼렛 요한슨이, 아니 그리트가 그대로 '진주 귀걸이를 한 소녀'로 붙박이는 장면을 보면, 진주의 영롱한 빛깔과 베르메르 특유의 신비로운 파란색, 노란색을 재현하는 데 심혈을 기울였음을 알 수 있다.

고흐는 그림의 가치와 유명세, 불행했던 인생사까지 영화인들에게 많은 영감을 준 인물로 수차례 영화화되었으나 2017년에는 놀랍도록 훌륭한 작품이 개봉됐다. 바로 세계 최초의 유화 애니메이션, 〈러빙 빈센트, 2017〉다.

10년간 107명의 아티스트가 약 6만 2천 점의 유화를 그려 완성한 〈러빙 빈센트〉는 그 자체로 뛰어난 예술작품이다. 프레임 하나 하나가 고흐의 화풍에 따라 그려졌고, 고흐 그림의 모델이 된 공간, 사물들은 이 놀라운 애니메이션 안에서 거의 작품 그대로의 느낌을 살려 재현되었다. 시각적으로도 황홀하지만 빈센트 반 고흐가 죽기 일주일 전으로 돌아가 비밀을 파헤치는 방식으로 진행되는 내러티브 또한 흥미진진하다.

국내에서도 다양성 영화로는 드물게 40만 명 이상의 관객을 불러 모으면서 화제가 된 바 있다. 한 예술가의 인생과 그의 작품들을 적확한 형식으로 영화화했다는 점에서 오랫동안 회자될 작품이다.

세계 3대 박물관으로 일컬어지는 루브르 박물관은 17세기 말, 루이 14세가 처소를 베르사유궁으로 옮기기 전까지 말 그대로 '궁전'이었던 만큼 규모면에서 고작 기차역을 개조한 오르세와 비교할 수 없을 만큼 웅장하다. 나 같은 파리 초보 여행자에게는 루브르가 오랑주리 미술관과 퐁피두 센터 중간 정도에 위치하고 있다는 사실, 그리고 오르세 미술관이 그들과 센강을 사이에 두고 대략 삼각형의 구도를 형성하고 있다는 사실이 꽤나 흥미로웠다. 이 얼마나 경제적인 동선인가!

루브르가 소장하고 있는 약 38만 점의 예술품 가운데 실제로 전시되는 것은 약 3만 5천 점 정도다. 그러나 이것도 2~3일 만에 감상할 수 있는 규모가 아니다. 내가 미술사를 전공했다면 아마

Paris
윤성은

시네마테크 프랑세즈 대신 루브르궁 앞에 방을 잡고 매일 출근 도장을 찍어야 했을 것이다.

이곳에 즐비한 고대의 유물, 조각상 등은 어릴 적 탐독했던 신화의 무수한 장면들을 떠올리게 하고, 종종 신비로운 상상에 빠져들게 만든다. 레오나르도 다빈치나 얀 베르메르의 작품을 몇 점 볼 수 있다는 것만으로도 내게는 놀이동산에 온 것이나 다름없었다. 그들의 작품을 발견할 때마다 느껴지는 전율, 롤러코스터를 타는 듯한 짜릿함이 화려한 궁전을 온종일 누비느라 피곤한 다리에 적잖은 위로가 되었다.

'모나리자'가 동서양의 문화, 예술, 산업에 미친 전방위적인 영향력을 고려하면, 톰 행크스가 땀을 뻘뻘 흘리며 유리 피라미드 앞에 서 있던 〈다빈치 코드, 2006〉 같은 작품을 이야기해야겠지만, 나에게 루브르는 가장 먼저 〈프랑코포니아, 2015〉를 상기시킨다.

〈프랑코포니아〉는 2차 세계대전 당시 루브르를 지켜 낸 두 인물, 즉 루브르 박물관의 관장이었던 '자크 조자르'와 나치 소속의 '프란츠 볼프 메테르니히'를 조명한 다큐멘터리다. 적으로 만났지만 공히 예술을 사랑했던 그들의 은밀한 협력 덕분에 루브르의 예술품은 전쟁의 화마 속에서도 무사할 수 있었다.

따뜻한 미담과 함께 영화는 루브르의 쓸쓸한 흑역사도 간과하지 않는다. 나폴레옹의 유령이 밤마다 루브르를 떠돌며 이 세상에서 가장 아름다운 보고寶庫가 침략과 약탈의 결과물임을 자랑스럽게 떠드는 장면은 권력의 상징으로서 예술품의 지위와 그것을 끊임없이 대상화시켰던 인간의 탐욕에 대해 재고하게 한다. 예술을 향한 자크와 프란츠의 진정성과 대비시키기 위한 장치다.

영화는 이 두 사람의 만남부터 나폴레옹의 유령까지 몇 차례의 재연 장면을 통해 픽션과 논픽션의 경계를 자유롭게 넘나들고, 때로 "내 이야기가 지루하지는 않은가?"라며 관객에게 말을 걸어오는 등 유머러스하게 연출되었다. 과연 대표적인 러시아 작가주의 감독의 여유가 느껴진다. 누군가는 빼앗고, 누군가는 지켜 왔던 예술작품의 지난한 역사를 떠올리며 루브르궁 앞에 서면, 아릿하면서도 안도 섞인 한숨이 나온다. 최근에는 이곳을 위협하는 것이 파리의 이례적인 홍수 정도라는 게 얼마나 다행인지 모른다.

튈르히 정원 끝에 위치한 오랑주리 미술관은 아담해서 단기 여행자들이 부담 없이 들를 수 있는 곳이다. 모네의 수련뿐 아니라 르누아르, 세잔, 루소와 모딜리아니의 작품을 찬찬히 감상하기 좋다.

우디 앨런의 〈미드나잇 인 파리〉는 파리의 명소와 전경을 보여 주는 오프닝 시퀀스 이후, 지베르니 연못부터 인물들을 등장시킨다. 파리에 대한 예찬으로 가득 찬 이 영화가 모네의 수련 연작이 탄생한 연못에서부터 본격적인 이야기를 시작한다는 사실은 의미심장하다.

파리와 사랑에 빠진, 정확히는 당대 최고의 예술가들이 교류했던 1920년대 파리와 사랑에 빠진 주인공 길은 LA에 있는 수영장 딸린 집을 팔고 이곳에 살고 싶어 한다. 우디 앨런은 오랑주리 미술관을 한 번 더 등장시키는 것으로 모네에 대한 자신의 애정을 재차 보여 준다. 수련 연못이 길 커플과 친구들을 휘감고 있는 듯한 구도는 클로드 모네가 이 거대한 그림을 완성시키고 오랑주리 미술관에 기증한 의도를 잘 반영한다. 파노라마처럼 펼쳐진 수련 연작 속에 있노라면 관람객들은 잠시나마 황홀경에 빠지지 않을 수 없다.

세계 각지에 있는 미술관을 탐방하다 보면 하나의 대상에 대한 집요한 관심이 특정 작가를 그 분야의 대체할 수 없는 아이콘으로 만들어 낸 경우를 많이 만난다. 물론, 천부적 재능은 기본이다. 에드가 드가는 발레하는 소녀들을, 세잔은 정물화를 많이도 그렸다. 그리고 모네는 지베르니의 스튜디오에서 무려 250여 점의 수련 연작을 완성시켰다. 어느 미술관에 걸려 있어도 어떤 크기여도 감동을 주지 않는 것은 한 점도 없다. 그렇게 하나의 대상을 끈

질기게 다른 각도에서 바라보고 사랑하는 동안 그들은 그것과 함께 연상되는 작가가 되었다. 모네가 시력을 잃어 가면서도 붓을 놓지 않고 완성시킨 그림들 앞에서 숙연해지는 사람이 비단 나뿐만은 아닐 것이다.

그랑 카페, 카퓌신가

Le Grand Café, Capucines

빛이 있으라,
그리고
영화가 시작되었다

영화사를 공부하지 않은 사람은 영화가 할리우드에서 가장 먼저 상영되었다고 말해도 믿을 것이다. 사실 미국은 제1차 세계대전 중 유럽 영화산업이 잠시 주춤했던 틈을 타 전 세계 영화시장의 패권을 차지한 후 지금까지 약 100년간 한 번도 그 영예를 빼앗기지 않은 대단한 나라다. 영화를 정말 좋아하는 사람이라면 어떻게 오손 웰즈와 우디 앨런이 만든 미국 영화를 욕할 수가 있단 말인가. 그들은 히치콕을 '영국 출생의 미국 영화감독'으로 표기하도록 만들었고 심지어 할리우드 영화를 만든다는 이유로 제임스 카메론을 미국인으로 오인하게 만들었다!

그러나 '언제 영화가 시작되었으며, 영화의 시조는 누구인가'라는 질문에는 유럽인들이 가만히 있지 않을 것이다. 독일에서는 막스 스클라다노프스키가, 영국에서는 윌리엄 폴이 먼저 영화를 발명했다고 주장했고, 미국에서도 물론 토마스 에디슨과 그의 조수였던 윌리엄 딕슨을 내세웠다. '최초'라는 수식어에 목을 매는 건 아무래도 한심해 보이지만, 역사가들의 본능 내지는 인간의 본성쯤으로 남겨 둬야 할 것 같다. 만약 장영실이 19세기 사람이었다면 우리도 비슷한 주장을 했을는지 모르니까.

이들이 얼마나 머리 터지게 싸웠는지 자세한 내막은 몰라도 현재 영화의 시조는 프랑스의 뤼미에르 형제이며 영화의 첫 상영회는 1895년 12월 28일로 공인되어 있다. 정확히 말하면 콘텐츠로

서의 영화는 그 이전에도 있었지만 뤼미에르 형제는 처음으로 그들이 직접 촬영한 열 편의 단편 영화를 1)대중들 앞에서 2)돈을 받고 3)공공장소에서 상영했던 것이다. 이 세 가지는 뤼미에르 형제를 영화의 아버지로 만든 중요한 기준이다.

그런 면에서 승리한 것은 프랑스의 '학자'들이었다. 그들은 영화의 정의에 이러한 기준을 포함시킴으로써 영화사 첫 장을 뤼미에르 형제의 이름으로 장식했고, 파리를 영화의 성지로 만들었다.

참고로 지금은 영화의 개념이 훨씬 복잡해졌다. 예를 들어 넷플릭스는 영화를 극장에 걸지 않고도 온라인을 통해 전 세계에 배급하지만, 누구도 그러한 방식으로 관객들에게 도달하는 콘텐츠는 영화가 아니라고 섣불리 말할 수 없기 때문이다. 그러나 영화의 미래를 알 수 없었던 영화사 초창기에는, 아니 디지털 시네마가 발달하기 전까지 꽤 오랫동안 이 논리는 자연스럽게 받아들여졌다. 즉, 영화는 본질적으로 혹은 일차적으로 여러 사람이 함께 모여서 관람하는, 상업성에 기반한 매체였다.

파리 2구, 카퓌신가에 있는 그랑 카페는 영화의 역사적 첫 상영이 이루어졌던 곳이다. 파리에 머문 지 닷새쯤 되었을까, 나는 루브르 박물관부터 천천히 걸어서 그랑 카페로 향했다. 이는 몽마르트르 언덕과 달리 미술관, 퐁피두 센터, 셰익스피어 앤 컴퍼

니보다도 늦은 방문이었다. 나로서는 성지 순례를 앞둔 신도처럼 어느 정도 마음의 준비가 필요했던 것 같다.

살금살금 오페라가를 따라 걷다가 오페라역에서 오른편으로 고개를 돌려 마침내 붉은 바탕에 금색 글자가 박혀 있는 카페 간판을 발견했을 때의 설렘이란! 뤼미에르 형제가 만든 카메라이자 영사기인 '시네마토그래프'에서 필름 돌아가는 소리, 그 자리에 있었던 서른다섯 명쯤 되는 관객들의 감탄사가 귓가에 들려오는 듯했다.

1875년에 개장한 이 화려한 2층짜리 카페는 말 그대로 역사와 전통을 자랑하는 프렌치 레스토랑이며, 파리의 살인적인 외식비를 감안한다 해도 가격대가 꽤 높은 편이다. 눈 딱 감고 커피 정도는 마실 수 있었지만 가난한 여행자는 결국 구경만 하기로 했다.

조금 당황스러웠던 것은 뤼미에르의 역사적 영화 상영에 관한 어떠한 안내도 발견할 수 없었다는 점이다. 프랑스인이라고 해서 그런 정보 제공에 무심할 리는 없다. 아를에 가면 고흐가 〈아를의 별이 빛나는 밤에〉나 〈밤의 카페 테라스〉를 그렸던 장소 앞에 안내판이 위풍당당하게 서 있다. 고흐의 그림까지 부착되어 있는 그 안내판은 얼마나 유혹적인지. 사진 - 특히 여행 증명용 사진이라면 - 찍기를 무척 싫어하는 나도 그걸 꼭 붙들고 어색한 미소를 지은 채 카메라 앞에 서 있었을 정도다.

어쨌든 그건 프로방스 시골 얘기고 파리지앵들은 그 정도 역사 가지고는 호들갑을 떨지 않는 듯했다. 어떤 영화사 책에는 좀 더 구체적으로 그랑 카페 지하에 있는 인디언 살롱에서 첫 영화 상영이 이루어졌다고 되어 있는데, 인디언 살롱이 없어지면서 굳이 그런 안내를 하지 않는 거라는 추측도 해 본다.

아쉬움을 달래 주듯 카페 동쪽과 남쪽으로 고몽*Gaumont* 영화관 세 개가 역삼각형 모양을 이루며 위치해 있고, 30미터쯤 더 동쪽으로 가면 UGC 영화관도 보인다. 둘 다 파리에서 흔히 볼 수 있는 멀티플렉스로, 한 달 동안 무제한으로 볼 수 있는 패스를 구입하면 부담 없이 영화를 즐길 수 있다.

나는 떡 본 김에 제사 지낸다고 영화나 한 편 볼까 기웃거리다가 이내 포기하고 말았다. 할리우드 블록버스터 아니면 프랑스 영화밖에 걸려 있지 않은 건 파리의 멀티플렉스도 마찬가지인데 당시 기분에 블록버스터는 보고 싶지 않았고, 프랑스 영화는 자막이 없다는 게 걸렸다. 당연하다. 파리라는 이유로, 혹은 카퓌신가에 있는 극장이라는 이유로 외국인들을 위한 자막 같은 걸 기대하는 건 헛된 일이다. 스페인 발렌시아의 어느 극장에서는 할리우드 영화들까지 스페인어로 더빙한 버전만 상영하는 걸 봤는데 그만한 횡포가 없는 게 얼마나 다행인가. 어쨌든 장소가 장소인지라 언어의 구애를 거의 받지 않았던 무성 영화들이 더욱 그리워졌다.

뤼미에르 형제의 첫 상영회를 상상하면 바로 떠오르는 영화가 한 편 있는데 마틴 스콜시즈 감독의 영화 철학이 담겨 있는 〈휴고, 2011〉라는 작품이다.

1931년, 파리 기차역의 시계탑을 관리하며 살고 있던 소년 휴고는 아버지의 유품인 로봇 인형에 어떤 메시지가 숨어 있을 것이라 생각하고 그것을 알아내기 위해 애쓴다. 마침내 그는 친구 이자벨과 함께 로봇 인형이 그리는 그림이 조르쥬 멜리에스가 연출한 영화, 〈달나라 여행, 1902〉의 스케치임을 알게 된다. 두 아이들이 도서관에서 영화사 책을 넘길 때 등장하는 영상은 모두 실제로 19세기 말과 20세기 초에 상영되었던 무성 영화 클립이다. 에디슨과 뤼미에르 형제, 멜리에스와 그리피스, 찰리 채플린과 버스터 키튼 등의 작품이 포함되어 있다.

무성 영화를 향한 감독의 애정이 듬뿍 담긴 이 장면은 극 중 휴고와 이자벨뿐 아니라 그 영화들을 공부하며 20대를 보냈던 나의 마음까지 설레게 했다. 아이들이 읽어 내려가는 영화사 책은 뤼미에르 형제의 첫 상영회에 대해 이렇게 기록하고 있다.

1895년, 상영된 첫 영화 중 하나는 '역으로 들어오는 기차'

였다. 역으로 들어오는 것은 단지 기차가 아니었다. 스크린을 향해서 기차가 속도를 내면 관객들은 비명을 질렀는데, 기차에 치이겠다고 생각해서였다. 아무도 이런 것을 본 적이 없었기 때문이다.

여기서 '아무도 이런 것을 본 적이 없었기 때문이다(*No one had ever seen anything like it before.*)'라는 문장은 두 번이나 반복되며 그 시절 관객들의 기분을 상상하게 만든다. 처음으로 스크린에서 살아 움직이는 이미지를 본 사람들의 놀란 심경을 생각하면 기차에 놀라 피했다는 기록이 대단히 과장된 것은 아니리라. 그러나 더 정확히는 그들이 정말 기차가 벽을 뚫고 나오는 줄로 착각했다기보다 영화에 대한 신기함, 영화를 가능하게 한 메커닉에 대한 경이로움을 몸으로 표현했다고 보는 편이 더 적절하다. 어릴 때부터 영화를 접해 왔던 사람들도 새로운 영화적 체험을 할 때는 오싹한 느낌이 들기 마련이다.

나의 경우에는 〈반지의 제왕: 왕의 귀환, 2003〉의 장엄한 사운드 효과 때문에 두꺼운 코트의 옷깃이 진동했을 때, 〈캐리비안의 해적 - 망자의 함, 2006〉을 대형 영화관 맨 앞줄에서 보던 중 바다에 떠가는 배를 부감으로 찍은 장면에서 현기증을 느꼈을 때, 그리고 〈아바타, 2009〉 3D에서 이전까지의 3D 영화와는 다른 차

파리,
왜 거기였을까?

Paris
윤성은

원의 입체적인 이미지를 보았을 때 그런 경험을 했다. 약 125년 전 그랑 카페에 모였던 관객들의 반응은 딱 125배쯤 격렬했다고 보면 되지 않을까.

조금 엉뚱하게도 내게 〈휴고〉의 가장 감동적인 포인트는 이 영화의 연출가가 마틴 스콜시즈라는 점이다. 뉴욕의 뒷골목에서 별다른 생의 목표 없이 술과 폭력을 벗 삼아 살아가는 인물들, 어둡고 비관적이고 우유부단한 인물들을 현실적으로 묘사하던 그가 아이들을 주인공으로 한 3D 영화를 만든 것도 놀라운데, 한 발 더 나아가 영화의 본질은 꿈을 눈앞에 펼쳐 놓는 것, 곧 환상성이라고 말하고 있기 때문이다. 칠순의 나이에 쏟아 놓은 영화를 향한 거장의 순수한 고백이 평론가랍시고 영화에 대해 떠들어 대는 나를 부끄럽게도 하고 뿌듯하게도 만들었다.

그날, 수많은 파리지앵이 무심히 지나쳐 가는 그랑 카페 앞을 나는 일없이 한참 동안이나 서성였다. 성지라고 하기엔 번잡하고 화려했지만 그렇게 뤼미에르 형제와 멜리에스, 마틴 스콜시즈의 영화를 머릿속에 그리며 방황하는 것이 나로서는 일종의 순례였던 셈이다.

피에르 상에서 바스티유 광장까지

pierre sang

◖

머리보다
가슴을 자극하는 공간

윤성은

2015년 11월, 파리 내의 7곳에서 동시다발적인 연쇄 테러가 발생했다. 최소 세 건의 폭발과 여섯 번의 총격이 잇따랐는데 파리 11구의 바타클랑 극장에서는 미국의 록밴드, '이글스 오브 데스 메탈'의 공연이 진행되는 도중 인질극이 벌어져 시민 90명이 목숨을 잃는 참사가 일어났다. 바타클랑 극장은 이후 1년 동안 문을 닫았다가 스팅의 추모 공연을 시작으로 재개장하는 곡절을 겪었다.

사실 11구는 본래 관광객들에게 그리 인기 있는 곳이 아니었다. 관광 책자에도 '관광지의 매력이 전혀 없다'고 단호하게 표기되어 있는 주거지역인 데다 치안이 별로 좋지 않은 곳으로 알려져 있으며, 별 특색이 없는 탓인지 파리의 각 구를 주제로 만든 〈사랑해, 파리〉에도 11구는 최종 편집에서 빠져 버렸다. 바타클랑 극장 테러는 아마도 전 세계 뉴스에 파리 11구가 오르내린 가장 큰 사건이었을 것이다.

그러나 내게는 11구의 추억이 있다. '피에르 상'에서의 멋진 식사와 뭉클했던 바스티유 광장 순례가 그것이다. 파리의 유명 레스토랑인 피에르 상에 가게 된 건 역시 미식가인 H 작가 덕분이었다.

먹방 프로그램이 활개를 치고 많은 셰프가 일약 스타덤에 오르는 것을 목격하면서도 나는 떡볶이나 라면으로 배를 채우는 것이나 한우를 먹는 것이나 한 끼 '때우는' 건 마찬가지라는 생각에서 거의 벗어나지 못하고 있었다. 학생식당 밥이 후졌다며 굳이 학교 밖으로 나가는 대학생들, 혹은 하루에 세 끼'밖에' 못 먹는 밥을 어떻게 맛있게 요리해 먹을까 고민하는 사람들은 확실히 나와는 뇌 구조가 다른 사람일 것이다. 나이가 들면서 가끔 특정 음식이 간절히 생각날 때가 없는 것은 아니지만 그 품목이 대개 얼큰한 김치찌개라든가 치즈가 듬뿍 들어간 파스타 정도라서 손쉽게 해소가 되는 편이다.

그러나 프랑스에서 제대로 된 요리를 먹어 보지 못한다는 건 나 같은 초딩 입맛에게도 아쉬운 일이다. 프랑스는 요리를 예술로 재탄생시키고 요리의 체계를 잡은 나라로 유명하지 않은가. 오랜 세월에 걸친 귀족문화가 화려하고 사치스러운 음식들을 발전시켰고, 하나의 재료로도 수백 개의 요리를 창조해 냈기에 음식에 대한 프랑스인들의 자부심은 대단하다.

〈줄리 앤 줄리아〉에는 프랑스 음식을 배우겠다고 명문 요리학교 '르 꼬르동 블루'에 들어간 미국인, 줄리아 차일드가 등장한다. 영어로 된 프랑스 요리책이 없다는 불만에서 시작된 그녀의 도전은 프랑스인들의 멸시를 받으면서도 계속되어 결국 최고의 요리사로 인정받게 된다. 실존 인물인 줄리아 차일드는 TV 요리 프로그램의 진행자로 활약했으며, 그녀가 출판한 프랑스 요리책은 지금까지 스테디셀러로 사랑받고 있다.

파리,
왜 거기였을까?

〈줄리 앤 줄리아〉에는 줄리아의 책을 보며 매일 요리를 해서 블로그에 올리는 줄리의 이야기가 50년이라는 세월을 사이에 두고 병행된다. 요리에 대한 애착만큼은 다르지 않았던 두 여성의 이야기도 흥미롭거니와 다양한 프랑스 요리와 그 요리법을 소개하고 있다는 점에서 더욱 눈길을 끈다. 화려한 요리만큼 까다로운 재료 손질 과정을 보고 있노라면 요리사들의 숙련도가 얼마나 중요한지 느껴진다.

그러나 프랑스 '가정식' 요리의 아름다움을 제대로 보여 주는 영화는 아무래도 〈엘리제궁의 요리사, 2012〉일 것이다. 엘리제궁은 프랑스 대통령의 공식 관저이며, 장관 회의 및 저명 인사들의 파티 장소로 사용되는 곳이다.

시골에서 송로버섯 농장을 운영하던 라보리는 우연한 기회에 엘리제궁에 입성해 까다롭기로 유명한 미테랑 대통령의 개인 요리사가 된다. 그녀는 관저의 유일한 여성 셰프로서 온갖 눈총을 받으면서도 가정식 요리를 좋아하던 대통령의 입맛을 사로잡는 데 성공한다. 이후 두 사람은 음식에 관한 대화를 통해 서로 깊은 신뢰와 유대감을 갖게 된다. 대통령을 위해 준비되는 먹음직스러운 프랑스 전통 요리들을 보는 재미도 있고, 언제나 최상의 재료를 수급하고자 고군분투하는 라보리의 직업의식과 열정에서도 많은 것을 배울 수 있다.

피에르 상 방문 이전에도 나는 H 작가를 따라 파리의 맛집에 몇 번 가 본 적이 있다. 놀라웠던 건 좁은 골목길에 있는 딱 한국 분식집처럼 생긴 라면집에도 미슐랭 가이드 소개 식당이라는 안내가 있다는 것이다.

그런데 혹시 미슐랭 가이드가 타이어 회사에서 발간된다는 사실을 알고 있는지? 타이어 정보, 자동차 정비 요령, 주유소 위치 등이 주된 내용이었던 그 무가지가 지금은 해마다 1,300페이지에 이르는 방대한 분량으로 발간되는 대표적인 식당 지침서로 명성을 날리고 있으니 재미있는 일이다. 어쨌든 지금은 별점 없이 책에 소개만 되어도 대단한 영예라, 라면집 앞은 대기하고 있는 사람들로 붐볐다.

꼬르륵거리는 배를 한 시간쯤 달래며 겨우 식당 안으로 들어갔지만 자리가 비좁아서 음식을 여유 있게 먹기가 힘든 분위기였다. 뱅상 카셀이 왔다는 중국 음식점도 마찬가지다. 테이블 간격이 너무 좁아 옆 사람이 무슨 메뉴를 고르는지 다 알 수밖에 없었다. 그러나 두 곳 모두 음식 맛은 환상적이었다! 라면이나 짜장면 같은 간단한 음식에 어떤 특별한 레시피를 갖고 있는 걸까? 하지만 한 시간씩 추운 밖에서 떨다가 먹는 음식이라면 무엇이라도 맛있지 않았을까. 나는 내 혀끝의 둔함을 이렇게 눙쳐 버렸다.

이미 스타 셰프의 반열에 오른 피에르 상의 레스토랑은 확실히 달랐다. 피에르 상 보이에는 프랑스에 입양된 한국계 셰프로 프랑스 방송의 '탑 셰프' 요리대회에서 4강에 오르며 유명해졌다.

나는 파리에 있는 동안 1호점에서는 점심을, 바로 옆에 있는 2호점에서는 저녁을 한 번씩 먹어 보았다. 한 끼 식사치고는 장기 여행자들에게 조금 비싸지만, 평소 크루아상이나 바게트만 먹더라도 꼭 누려 볼 만한 사치. 가장 신선했던 것은 무조건 식당에서 준비한 그날의 요리를 먹어야 한다는 것이었다. 말 그대로 '주는 대로 먹어야 하는' 이 시스템에 대해 처음에는 혹시 싫어하는 음식이 나오지는 않을까 우려스럽기도 했지만 일단 음식 맛을 보고 나서는 다른 식당도 모두 이랬으면 좋겠다는 생각까지 들었다. 바쁜 세상에 메뉴판이 닳도록 공부하며 결정 장애임을 광고했던 적이 한두 번이었던가.

여기서는 마실 음료와 음식 알레르기 유무만 알려 주면 셰프가 개발한 멋진 요리들이 줄줄 나온다. 피에르 상은 자신의 유전적 뿌리를 살려 고추장, 된장, 발효식초 등을 프랑스 식재료와 접목시키는 것으로도 유명하다. 심지어 고추장, 된장이 소스로 같이 나와도 각 요리의 플레이팅이 어찌나 예쁜지 접시에 추상화를 그려 놓은 듯하다. 현대인이 추구하는 딱, 인스타그램 스타일이다.

뭐부터 어떻게 먹어야 할지 모를 정도로 난생처음 보는 요리들이 나오다 보니 설명은 필수다. 2호점에서는 예쁜 구릿빛 피부를 가진 점원이 다음 코스 요리를 가져다줄 때마다 그 전에 먹었던 요리에 대해 "무슨 재료로 만든 것 같아?"라고 물어봤는데, 처음에는 열심히 생각하는 척 했지만, 계속 엉뚱한 대답을 하게 되자 나중에는 살짝 짜증이 나서 '물어보지 말고 그냥 알려 주면 안 될까?'라고 속으로 중얼거리기도 했다. 어디서든 잘 모르는 분야의 퀴즈 게임을 계속하는 것은 재미가 없다.

만족스러운 식사를 마친 후, 우리는 센강 방향으로 15분 정도 걸어서 바스티유 광장으로 갔다. 4구, 11구, 12구의 경계를 이루는 광장으로, 1789년 프랑스 혁명의 도화선이 된 바스티유 감옥 습격 사건이 있었던 장소다.

바스티유 감옥은 광장 위에 그려진 경계선에 의해서만 당시의 모습을 알 수 있는데, 그 대신 자유의 상징이자 1830년 7월 혁명의 희생자들을 추모하는 52미터 높이의 '자유의 탑'(7월 기둥 *Colonne de Juillet*으로 불리기도 한다)을 볼 수 있다. 꼭대기에 있는 도금된 조각상에는 '자유의 혼'이라는 이름이 붙어 있다. 커다란 날개를 달고 곧 날아오를 것처럼 살짝만 기둥에 발을 붙인 사람의 모습이 탑의 의미에 무게를 싣는다. 더욱이 1848년 2월 혁명의 희생자들이 이 탑 아래에 묻혀 있고, 지금도 집회나 시위가 이 광장으로부터 시작되니 역사적으로나 사회적으로나 한 번쯤 들러야 할 공간이 아닐까. 현재 바스티유 광장 한편에는 오페라 극장

Paris
윤성은

도 자리 잡고 있다.

피에르 상에서 배를 채운 후 자유의 탑을 바라봤더니 든든한 위장이 왠지 미안해졌다. 19세기 초, 부패한 권력과 극심한 빈부 격차로 인한 성난 군중들의 목소리는 〈레미제라블, 2012〉에서 여실히 들을 수 있다. 1815년 빵 하나를 훔쳤다는 이유로 17년을 복역했던 장 발장의 등장부터 1823년 그가 소녀 코제트를 악덕 여관주인들로부터 구해 주는 에피소드, 프롤레타리아와 부르주아의 갈등이 극에 달해 혁명의 기운이 용솟음치던 1832년 파리의 모습까지 영화에는 내내 굶주림에 대한 분노, 그로 인해 터질 듯한 긴장감이 흐른다. 젊은이들의 사랑도, 서민들의 일상도, 위정자들의 억압도 배고픔의 고통과 무관할 수 없던 시절의 이야기다.

엔딩곡인 'Do you hear the people sing?'의 감동을 떠올리며 하릴없이 광장을 배회해 봤다. 30분 전에 먹었던 현대 미술 같은 음식들에 죄책감을 느끼기보다는 오늘날 그렇게 예술적인 요리를 맘 편하게 먹게 해 준 영혼들에게 감사하려고 노력하면서. 그리고 21세기를 살아가고 있는 나 또한 후세에게 만족스러운 음식을 먹게 해 줄 책임이 있다는 사실을 상기하려고 노력하면서. 파리 11구는 머리보다 가슴을 자극하는 공간이다.

프랑스 국립도서관
Bibliothèque Nationale de France

나의
도시 찾기 놀이

거대한 네 권의 책 모양으로 설계된 프랑수아 미테랑 국립도서관은 세계적인 프랑스 건축가, 도미니크 페로의 작품이다. 그는 서울에 있는 이화여대 캠퍼스 센터ECC를 건축했을 만큼 국내에서도 인기가 높다. 이 도서관은 네모반듯한 구조물이라 경직되어 보이기도 하고, 주변에도 별다른 조경이 없어 휑한 느낌도 있지만 도서관이라는 콘셉트와는 잘 맞는 외양이다. 아니, '직관적'이라는 표현이 더 어울릴 것이다. 어쨌든 눈에 띄는 근사한 조형물임에는 분명하다.

건물이 처음 지어졌을 때는 질타를 받기도 했는데, 파리의 기후를 고려하지 않고 건물 사이를 원목으로 깔았다는 점, 서적을 보관하는 곳을 직사광선이 통과되는 유리로 만들었다는 점 등이 그 이유였다. 책의 변형을 막기 위해 지금은 서고에 이중 유리와 덧문을 설치한 상태다.

신은 한 인간에게 모든 것을 다 주지 않는다는 말이 있다. 이것은 건축 부자재나 디자인에도 해당되는 게 아닐까. 모든 재료에는 장단점이 있기 마련이므로 디자인과 기능성을 두루 갖춘 건물을 짓기는 어렵다는 얘기다. 아무렴, 저런 건물에서 공부하다 나와 원목 계단에 앉아서 잠시 머리를 식히는 학생들의 모습은 여행객의 눈에 마냥 부럽게만 보였다.

프랑스 국립도서관은 여러 개의 지점이 있는데, 그중 가장 유명한 것이 프랑수아 미테랑 국립도서관이다. 파리의 국립도서관은 공부만 하는 곳이 아니라 많은 고문서를 보관하고 있는 장소다. 국립도서관끼리는 연결되어 있기 때문에 온라인 자료 열람은 어디서든 할 수 있지만 실물을 보려면 다른 지점에 가야 할 수도 있다.

'프랑스 국립도서관'이 어쩐지 귀에 익는다면, 우리 문화재에 관심이 많은 독자가 아닐까. 조선왕조 왕실과 국가의 주요 행사를 기록한 도서인 '외규장각 의궤'가 이곳에 있었고, 세계에서 가장 오래된 금속활자로 인쇄된 '직지'(원래 이름은 '백운화상초록불조직지심체요절'. 공룡 이름을 외우는 게 더 쉽겠다)가 여기에 있으니 말이다.

1866년 프랑스 해군이 강화도를 침략했을 때, 많은 문화재를 불살랐고 더러는 약탈해 갔는데 그중 하나가 외규장각 의궤다. 이것은 2011년부터 5년씩 연장 임대 방식으로 한국에 돌아와 현재는 국립중앙박물관에서 보관하고 있다. '직지심체요절'은 프랑스 외교관이자 소문난 고서 수집가, 빅토르 콜랭 드 플랑시가 19세기 말에 자국으로 가져가 경매에 내놓았다. 그것을 구매한 앙리 베베르가 프랑스 국립도서관에 기증한 것으로 알려져 있다. 이곳의 사서였던 고故 박병선 박사는 우리의 문화재를 연구하고, 그 가치를 세계에 전파한 위인이다. 그의 헌신이 없었다면 외규장각 의궤도 반환되지 못했을 것이다.

2017년에 개봉한 〈직지코드〉(데이빗 레드먼, 우광훈 감독)라는 다큐멘터리는 캐나다인인 데이빗 레드먼이 기획했다. 그는 유럽과 한국을 오가며 유럽 중심주의에 대해 밝혀 가는 출연자이자 공동 연출자이기도 하다. 데이빗 레드먼은 파리에서 유학할 당시, 한국 친구에게 구텐베르크의 그것보다 앞섰다는 한국의 금속활자에 대해 듣게 되었고, 왜 서양에서는 '직지'에 대해 전혀 가르치지 않는지 의문을 품는다. 그의 다큐 기획 의도는 "이 다큐는 서양이 쓴 세계사를 그대로 믿어야 하는가 하는 물음에서 출발했다"라는 영화의 오프닝 자막에 잘 드러나 있다. 다분히 교육적이지만 스케일도 크고 흥미로운 요소가 많다.

영화는 프랑수아 미테랑 도서관 계단에서 출연자들이 나누는 대화에서 시작한다. '직지'를 소장하고 있는 프랑스 국립도서관 사서들조차도 이 책의 가치에 대해 잘 알지 못한다는 내용이다. 또한 '직지'를 공개하려고 하지 않는 도서관 측과 계속 연락을 주고받는 부분도 나온다. 다큐는 거창하게 시작했다가 조금은 싱겁게 끝난다. 하지만 덕분에 구 프랑스 국립도서관의 내부도 슬쩍 들여다볼 수 있고, 직원들이 일하는 방식도 엿볼 수 있다. 이제는 이 공간에 많은 국적과 인종의 연구자가 함께 공부하고 있으므로 더 이상 일방적인 관점의 역사는 기술되지 않기를 바라본다.

파리에서 거대한 도서관을 보고 있노라니 이제는 사라진, 아니 오래 잊고 있었던, 어쩌면 꼭꼭 숨겨 두었던 꿈이 슬그머니 고개를 들었다. 나는 십 대 시절부터 유학을 동경했다. 그런데 결과적으로는 박사 학위까지 받는 동안 외국 학교에 원서조차 써 본 적이 없다. 경제력이 없다는 게 기본적으로 큰 장애였으나 꼭 그것 때문만은 아니었던 것 같고, 이제는 그저 '팔자에 없었다'고 생각한다.

만약 지금 내게 진득하게 책상 앞에 앉아 있을 여력이 생긴다면 무슨 공부를 해 볼까. 이곳에서 영화를 좀 더 깊이 파 볼 수도 있겠고, 철학이나 심리학, 예술사 같은 인접 학문으로 관심 분야를 넓히거나 좋아하는 소설을 실컷 읽게 해 줄 문학도 좋은 선택이 될 것이다. 하지만 여행을 다닐 때 가장 아쉬운 것은 아무래도 언어다. 엑상프로방스와 칸에서의 일정을 포함해 한 달 반 정도 프랑스에 머무는 동안, 생활이 익숙해질수록 오히려 불어에 대한 갈증은 조금씩 커졌다. 나에게 불어는 막연히 '아름다운 언어'라는 인식이 있었는데, 아마 초등학교 때 탐독했던 소년·소녀 문학의 주인공들이 기숙사 학교에서 불어를 배울 때 그렇게 묘사되어 있었기 때문일 것이다.

언어에도 미추美醜가 있다고 말하는 것은 주제넘은 일이지만

파리,
왜 거기였을까?

분명한 것은 나의 경우, 〈프린스 앤 프린세스, 1999〉라는 미셸 오슬로의 실루엣 애니메이션을 보면서 불어를 좋아하게 됐다는 것이다. 그 후 이해하지도 못하는 불어가 프랑스 영화를 보는 재미 중 하나가 되었다.

여섯 개의 단편으로 구성된 〈프린스 앤 프린세스〉는 교육용 애니메이션이지만 편견, 욕심, 박애, 사랑 등의 철학적 주제를 감탄스러울 만큼 깊이 있게 담고 있다. 어려운 이야기를 어렵게 하는 건 누구나 할 수 있어도 쉽게 풀어내는 데에는 엄청난 내공이 필요한 법이다. 제목 그대로 애니메이션에는 공주와 왕자가 많이 나오는데, 그들을 연기한 성우들의 목소리는 20대 중반의 내게 그 어떤 이국적인 음악보다 신비롭게 들렸다. 불어 특유의 리듬감 및 억양, 연구개 무성마찰음에는 그만한 중독성이 있다.

그럼에도 불구하고 불어를 공부하려고 할 때마다 번번이 '그 시간에 영어나 좀 더 잘해 보자'라는 생각이라든가 시제가 무지하게 복잡하다던데 하는 현실적 두려움, '제2 외국어 공부가 왜 하필 불어여야 하는가'라는 물음표까지 따라붙었다. 일어보다 배우기 어렵고, 중국어보다 비전이 없다는 얘기다.

"저 영어 말고 다른 언어도 공부해 보려고요." 선배들에게 말을 건네면, 어김없이 "잘 생각했다. 중국에서 1~2년쯤 공부하다 오렴"이라는 대답이 따라온다. 조금 망설이다가 "하지만 저는 프랑스 영화를 좋아하는 걸요"라고 항의해 봐도 어림없다. "시끄럽고, 중국어나 배워." "……." 이렇게 실행도 못 해보고 끝나는 (심리적) 도전과 좌절의 반복으로 내게는 평생 불어를 잘하게 되는 날도, 파리 국립도서관에서 공부하게 되는 날도 오지 않을 것 같다.

파리 국립도서관 옆에는 M2K 영화관이 있다. H 작가와 나는 그해 칸 영화제 개막작이었던 우디 앨런의 〈카페 소사이어티, 2016〉를 감상하기 위해 영화관을 찾았다. 120석쯤 될까 말까 한 아담한 영화관은 우디 앨런의 따끈한 신작을 감상하기 위해 온 사람들로 빈자리 없이 꽉 차 있었다. 유럽이나 미국의 영화관이 대개 그렇듯 이곳도 지정좌석제가 아니기 때문에 일찍 가서 줄을 서야 원하는 자리에 앉을 수 있다. 우리는 운이 좋게도 꽤 좋은 자리에서 영화를 관람할 수 있었다.

〈카페 소사이어티〉는 한마디로 '나의 도시 찾기' 게임과도 같다. 이 영화에서 LA와 뉴욕은 각각 영화의 두 주인공과 직결된다. 배우를 꿈꾸며 LA에 온 보니는 영화사 사장과 불륜에 빠지고, 일자리를 찾아 LA로 온 뉴요커 바비는 보니에게 반한다. 보니도 바비를 사랑하게 되지만 그녀는 결국 바비의 삼촌인 영화사 사장과 결혼할 것을 결심하고, 바비는 쓸쓸히 뉴욕으로 돌아온다. 갱스터인 형의 도움으로 상류 사회 사람들을 상대하는 나이트클럽에서 일하게 된 그는 아름다운 여인과 결혼도 하지만 보니와 마찬 가지로 옛 연인에 대한 미련을 접지 못한다.

영화는 LA와 뉴욕을 우디 앨런 스타일로 유쾌하게 비교한다. 눈부신 햇살, 넓은 저택과 풀장, 오픈카가 등장하는 곳이 LA고, 상대적으로 어둡고 작은 집의 실내, 나이트클럽과 범죄가 등장하는 곳이 뉴욕이다. 예의 경쾌한 재즈 음악이 무거움을 덜어 주지만 들여다볼수록 영화 구석구석 묘사되는 인간과 인생의 단편이 적나라하다.

일례로 보니는 자신이 경멸하던 셀러브리티의 화려한 삶을 택한 후 바비를 통해 반대편의 삶도 경험하고자 한다. 그러나 LA는 LA고, 뉴욕은 뉴욕이다. 두 도시의 개성을 모두 가질 수 있는 공간은 없다. LA와 뉴욕은 그렇게 서로를 탐하면서도 닮아 갈 수 없는, 함께할 수 없는 두 남녀와 같다. 그들이 각자의 공간에서 다른 방식으로 새해를 맞는 마지막 장면은 그래서 의미심장하다.

그렇다면, 나와 가장 어울리는 도시는 어디일까? 서울에서 인생 대부분의 시간을 보냈던 나로서는 프랑스, 스페인, 이탈리아, 영국, 미국을 포함한 4개월간의 인생 여행 가운데 그런 도시를 찾고 싶었다. '바로 이곳이야!'라는 안정감과 행복을 느끼는 곳 말이다.

오래전에 한 예능 프로그램에 토너먼트식으로 유명인들을 비교해 이상형을 가리는 '이상형 월드컵'이라는 코너가 있었는데 '나의 도시 찾기 게임'도 그만큼 흥미진진하다. 누군가에게는 '사랑하는 사람과 같이 살 수 있는 도시'가 최우선일 것이고 누군가에게는 '풍요롭게 살 수 있는'이라든가 '스트레스를 받지 않는' 등등의 각기 다른 기준이 작용할 테니까. 그리고 선택의 여지가 있다는 상상을 하는 것만으로도 잠시 행복할 수 있다.

나로 말하자면, 흥미롭게도 한 달 후쯤 뉴욕에서 〈카페 소사이어티〉를 한 번 더 보게 되었는데, 결국 파리와 뉴욕이 결승전에서 맞붙었다. 그리고 나는 아무래도 뉴욕보다는 파리형 인간인 것 같다는 잠정적인 결론을 내렸다. 메트로폴리탄과 링컨 센터, 뉴욕 현대 미술관, 크고 작은 재즈 클럽들, 브로드웨이를 사랑하지 않을 수 없지만, 내게는 고풍스런 건물과 센강 사이로 어쩐지 좀 더 시간이 느리게 흘러가는 듯한 파리의 분위기가 (아주 조금!) 더 편하게 느껴진다.

아아, 역시 불어를 배워야 할까? 미련하게도 나는, 오늘도 고민하는 데 시간을 너무 많이 쓰고 있다.

파리,
왜 거기였을까?

Paris
윤성은

191

파리,
왜 거기였을까?

시네마테크 프랑세즈
Cinémathèque Française

◀

영화와 함께
산책을

선택의 여지가 없었다. 파리에서 한 달 살아 보기 프로젝트의 첫 2주를 몽마르트르 언덕 아래에서 보냈던 나는 나머지 2주를 파리의 동쪽 끝에 있는 12구, 베르시 지역에서 보내기로 했다. 오로지 시네마테크 프랑세즈에 매일 가겠다는 의지에서였다.

시네마테크 프랑세즈는 일종의 영화 박물관이라고 할 수 있는데 전시회장, 상영관, 도서관 등이 구비되어 있는 문화 복합 공간으로서 그 역사가 꽤 길다. 그것은 말 그대로 영화에 '미친' 한 남자로부터 시작되었는데, 그는 바로 1935년 샤요궁에 이 기관을 설립한 '앙리 랑글루아'다. 앙리 랑글루아는 영화를 많이 보았을 뿐 아니라 심지어 수집하던 사람이었다. 영화 수집은 동서고금을 막론하고 영화를 사랑하는 공인된 방법 중 하나지만 지금처럼 몇백 편의 영화가 검지만 한 USB에 저장되는 시절이 아니었다는 사실을 기억하시라.

영화의 프린트를 사들이고 보관하는 데는 많은 자금과 공간이 필요했을 것이다. 당시 그는 5만 권이나 되는 필름을 보유했고, 나중에는 감독과 배우들에게 영화 소품을 기증받거나 구입해 박물관까지 만들었으니 남다른 편집증이 있었던 사람임에는 틀림없다. 그러나 그 편집증이 아니었다면 소실되었을 귀중한 영화 자료들이 지금까지 시네마테크 프랑세즈를 통해 후대에 전해지고 있다. 앙리 랑글루아가 프랑스뿐 아니라 전 세계 영화인들에

Paris
윤성은

게 추앙받는 인물이 된 것은 이러한 업적 때문이다.

영화 수집하면 나도 할 이야기가 많은 세대다. 1980년대 초반, 한국 가정에 비디오 플레이어가 보급되자 영화광들은 비디오 VHS를 사 모으기 시작했다. 좋아하는 영화를 몇 개쯤 비디오테이프로 소장하는 것은 문화에 관심이 많았던 젊은이들의 트렌드였고, 고전 영화나 희귀 영화는 꽤 비싼 가격에 거래되기도 했다. 수집에 별 관심이 없는 나만 해도 고전 영화 비디오를 사기 위해 마니아들 사이에 소문난 청계천의 비디오 가게를 들락거린 적이 있다.

다행히도 비디오는 당대의 뉴 미디어로서 꽤 오랜 시간 2차 부가판권 시장에서 살아남았는데 가정용 DVD 플레이어가 합리적인 가격에 등장하고, 컴퓨터에 CD와 DVD를 함께 볼 수 있는 디바이스가 장착되기 전까지다. 이후부터는 비디오 가게들이 급속히 업종을 전환하거나 사라져 갔고, 곧 바로 불법 파일이 돌기 시작했다.

내가 영화 이론을 공부하기 위해 석사 과정에 입학했을 때가 이즈음이었다. 학부에서 영화를 전공하지 않았던 나는 정보가 없어서 희귀한 영화 축에도 못 들었던 〈전함 포템킨, 1925〉 같은 작품을 보려고 예술 영화 전용관을 전전하며 꽤 발품을 팔아야 했다. 나중에 교수님 연구실에 얌전히 꽂혀 있는 구소련 영화들을 보고 좌절했던 기억이 난다. 학생들 중에 비디오 가게를 인수해 무려 2,000편 정도의 영화를 보유한 사람이 있다는 얘기도 들었다. 그 구시대의 유물이 몇 년 후 다 어떻게 되었는지는 지금도 가끔 궁금하다.

중요한 것은 디지털 시네마의 시대가 열리면서 아날로그 시대에 영화 소장所藏이 의미했던 권력이 상당 부분 와해되었다는 사실이다. 그 시절, 돈 주고도 구할 수 없었던 영화들을 유튜브에서 손쉽게 볼 수 있고, 파일의 형태로 간편하게 보관하며, 원하는 만큼 재생시킬 수 있기 때문이다.

그러니까 세계적인 규모의 영화 시설인 시네마테크 프랑세즈 또한 예전만큼의 위용을 가지고 있다고 보기는 어렵다. 여전히 많은 영화 연구자가 도서관을, 다양한 연령의 관객이 상영관을 드나들지만 '지금', '여기서만' 볼 수 있는 자료는 드물 것이다. 앙리 랑글루아가 살아 있다면 좀 허망해할지도 모르겠다.

베르나르도 베르톨루치의 문제작, 〈몽상가들, 2003〉에는 1960년대 말 시네마테크 프랑세즈의 풍경이 잘 묘사되어 있다. 앙리 랑글루아가 창고에 잠들어 있는 온갖 종류의 영화를 끄집어내 상영하면 사람들이 모여들었는데 그들이 바로 프리메이슨리(중세 유럽의 교회, 성벽 등의 큰 건물에 관계한 석공, 건축사, 조각가 등

파리,
왜 거기였을까?

의 결사(結社) 같은 일종의 공동체, '영화광'이었다.

유럽을 뒤흔들었던 68혁명 수개월 전, 말로 장관을 위시한 정부가 앙리 랑글루아를 시네마테크 관장 자리에서 해임시키자 파리의 모든 영화광이 거리에 나와 항의했고, 이들의 문화 혁명은 마침내 앙리 랑글루아를 복귀시키기에 이른다. 그러니 시네마테크 프랑세즈는 영화인들에게 현재의 기능 이상으로 중요한 의미일 수밖에 없다. 누벨바그의 쟁쟁한 감독들이 영화를 배웠고, 동료를 만났으며, 정부에 맞서 투쟁했던, 영화의 정신이 서려 있는 공간이랄까.

2005년에 베르시 공원 근처로 이사를 온 시네마테크 프랑세즈는 〈칼리가리 박사의 밀실, 1919〉에 나오는 표현주의적 세팅 속의 건물을 연상시킨다. 기하학적 도형, 혹은 여러 개의 건물을 겹쳐 놓은 듯한 외형이 미니멀한 현대 건축물에 비해 복잡하게 느껴진다. 그런데 무려 빌바오 구겐하임 미술관과 LA 월트 디즈니 콘서트홀을 건축한 프랭크 게리가 '아메리칸 센터'로 만든 건물이란다. 작가의 스타일대로 역동적인 조형미가 살아 있는 작품이다. 미국 문화 보급을 위해 만들어진 건물을 영화의 성지로 바꿔버린 것은 유전자에 문화적 우월감을 장착하고 태어난 프랑스인들의 발상답다. 그런데 에펠탑을 촬영하기에 최적의 장소로 알려진 파리 서쪽 샤요궁에서 동쪽 끝의 12구까지 온 점이나, 다른 용도로 건축된 건물에 들어온 점 등에서 어쩐지 '밀려났다'는 느낌을 지울 수가 없다.

남 말 할 때가 아니다. 한국의 경우에도 양재동 예술의 전당에 있었던 한국영상자료원이 상암동으로 옮겨 갔고, 또 그 일부 시설은 파주로 옮겨 가는 일이 있었다. 덕분에 넓고 쾌적해지기는 했으나 위치로 보았을 때 양재동에 비할 바는 아니다. 상시 좋은 프로그램이 무료로 상영되고 있는 줄 알면서도 나처럼 영화 일을 하는 사람조차 쉽게 발길이 닿지 않는다. 동네 어르신들이 매일 찾으신다는 소문이 위로가 되지만 위치상으로 아쉬움이 적지 않다. 시네마테크 프랑세즈도 디지털 시네마의 시대를 맞아 정말 '상징적이기만 한' 공간으로 남게 된 것은 아닐까? 부디 기우이기를.

파리가 서울의 1/6 크기밖에 되지 않는다는 사실과 근처 베르시 공원의 싱그러움은 이런 염려를 상당 부분 해소시켜 준다. 베르시 공원은 영국식 정원을 현대적으로 재현한 것으로, 파리의 크고 작은 공원들을 샘플링 해 놓은 것 같다. '샘플러'라고 해서 그 레스토랑에서 잘 팔리는 요리들을 조금씩 조합해 놓고 비싸게 파는 메뉴, 베르시 공원이 딱 그런 느낌이다.

첫 번째 공원, '초원들'에는 넓은 잔디밭에 아름드리 나무가 듬성듬성 서 있어 운동을 하거나 피크닉을 하기 좋고, 반려견과 산

Paris
윤성은

책하기도 안성맞춤이다. '화단'이라는 두 번째 공원에는 오목조목 아기자기한 정원이 마련되어 있다. 덩굴 식물이 시원하게 하늘을 가로지르는가 하면 각양각색의 들꽃이 미모를 뽐내기도 하고, 다양한 종류의 들장미가 심긴 화단에서는 그 어떤 고가의 향수도 따라잡을 수 없는 장미 향이 아찔하다. 이 화단 앞 벤치에서 프러포즈를 받는다면, 장미 향에 취해 잘못 판단하는 일이 없도록 유의하시길!

마지막으로 '로맨틱 정원'에는 일자로 뻗은 등나무 길 사이로 직사각형 모양의 연못이 있다. 연못에 이는 잔물결로 하염없이 바람길을 가늠하다 보면 마음이 정화되는 것은 물론 십 대에 사라진 시심詩心도 돌아올 지경이다.

시네마테크 프랑세즈에서 장 르누아르의 영화를 한 편 보고 나와 베르시 공원을 산책해 보시라. 앙드레 바쟁(프랑스의 유명한 영화 평론가)도, 임마누엘 칸트(매일 같은 시각에 산책한 것으로 잘 알려진 철학자)도 부럽지 않다.

베르시 지역의 또 한 가지 매력 포인트는 지척에 파리 국립도서관이 있다는 점이다. '초원들' 공원 옆구리에 있는 넓고도 높은 계단을 열심히 오르면 센강 너머로 거대한 유리 건물 네 채가 보인다. 그 사이에 있는 '시몬 드 보부아르'라는 인도교는 나무로 되어 있어서 밟을 때마다 경쾌한 소리를 내는데, 유연한 나무 데크의 질감을 느끼며 센강을 건너는 색다른 즐거움을 선사한다. 도서관 근처까지도 그늘이 전혀 없어서 한여름에는 고역이지만 샤요궁과 에펠탑을 이어 주는 '이에나' 다리를 건너는 것만큼이나 추천할 만한 경험이다.

나는 2016년 여름, 바로 이 다리 위에서 범람한 센강과 물에 잠긴 배를 보며 파리의 기록적인 폭우를 처음 실감했다. 솔직히 극빈국에서 지진이 났을 때만큼 마음이 아프거나 염려가 되지는 않았지만 파리의 이미지에 어울리지 않는 처참한 광경이었다. 기자들은 휴가를 떠나도 여행지에 기삿거리가 생기기를 은근히 바란다고 했던가. 꽤 긴 여행이었음에도 일분일초가 아까웠던 나는 그 심리를 이해하기 어려웠지만, 지금 돌아보면 파리의 색다른 모습을 접한 경험이었다.

시네마테크 프랑세즈에서 하필 줄기차게 구스 반 산트 회고전을 하고 있었던 것도 이제는 추억거리다. 대부분 보았던 작품이고 소장하고 있는 것들도 많아서 숙소를 가까운 곳에 잡은 보람도 없이 이곳을 매일 찾을 이유가 없어진 것이다. 그러나 영화를 개인적으로 감상할 수 있는 열람실에서 나는 파리 배경의 영화를 보곤 했다.

방문하던 첫날 내게 어디서 왔냐고 물었던 매표소 스태프가 나를 볼 때마다 홍상수, 박찬욱, 이창동 얘기를 꺼냈다. 안부 묻듯이 건네는 그들의 이름에 나도 늘 웃으면서 인사를 받아 주었고, 에릭 로메르, 레오 까락스 등 프랑스 감독의 영화를 빌렸다.

시네마테크 프랑세즈에서 〈퐁네프의 연인들, 1991〉을 보고 한 시간 후에 퐁네프 다리 위를 걷는 기분이란. 그래, 정말 비현실적이라고 할 수밖에 없겠다. 일주일에 스무 시간밖에 못 자고 일하던 내가 모든 것을 내려놓고 떠난 그해, 그 여행의 모든 것이 그랬다.

La Seine

센강에서
〈비포 선셋〉 따라잡기

2주간의 파리 체류 후, 나는 약 한 달간 파리를 떠나 있었다. 이탈리아 우디네 극동 영화제에 참석했고, 베니스에서 일주일 정도를 보낸 다음, 엄마와 스페인을 일주했으며, 칸 영화제에 입성했다. 여행 좀 한다는 이들의 입에 늘 오르내리는 유명하고 아름다운 지역을 돌아다녔건만 나는 종종 파리가 얼마나 멋진 도시인지 떠올리며 그리워하곤 했다.

특히 스페인은 우리 모녀에게 그리 즐거운 여행지가 못 되었다. 나중에 깨달은 사실이지만 스페인이 낙원이라고 했던 이들은 대개 아침부터 밤까지 와인과 타파스를 즐기는 주당들이었다. 그러고 보니 스페인뿐만은 아닌 것 같다. 알코올에 약한 이들은 여행의 즐거움 중 하나를 누리지 못하는 것이 틀림없다. 하지만 뭐, 비주류非酒類들은 여행비용을 아낄 수 있다는 장점이 있으니까.

어쨌든 파리를 떠나 있는 동안 유쾌하지 않은 일들이 몇 번 있었는데, 그 아름다운 베니스 리도섬에서는 내가 양산과 선글라스의 방어에도 불구하고 햇빛에 얼굴이 다 벗겨지는 참사를 당했고, 아를에서는 엄마가 여권과 지갑을 잃어버리는 사고를 당했다. 칸 영화제 첫 참석은 내 일생의 경험 중 하나로 남겠지만, 영화를 보거나 숙소에 틀어박혀 글 쓰는 일이 다여서 여행자의 기분은 낼 수가 없었다. 해변가 사진 한 장도 남기지 않은 걸 보면 나도 참 어지간한 일 중독자다.

그래서인지 다시 파리에 짐을 풀었을 때는 안도감이 들었다. 당분간 짐을 쌀 필요가 없다는 사실이 얼마나 삶의 질을 높여주던지…. 구석구석 물건을 정리해 놓고 나니 문득 영화, 〈한공주, 2013〉의 한 대목이 떠올랐다.

'공주'는 끔찍한 사고를 당한 후 명목상 보호 차원에서 담임의 어머니 집에 얹혀살게 되는데, 한동안 짐을 완전히 풀지 못하고 방황한다. 그때 조금씩 공주와 마음의 벽을 허물어 가던 담임의 어머니가 말한다. "왜 어른들이 자기 집 장만하려고 기를 쓰는 줄 아니? 그렇게 맨날 떠날 준비를 하고 있으면 불안해서 살 수가 없어. 짐 풀어." 정말 그랬다. 캐리어 두 개와 폴리백 하나의 짐을 모두 꺼내 집 안 어딘가에 풀어 놓는 동안 불안감이 사라졌다. 무엇과도 전쟁을 하지 않았는데 승리한 것 같은 쾌감 혹은 자신감까지 생겼다.

새로 빌린 로빈슨의 아파트는 패니의 플랫보다는 어두웠지만 깨끗하고 잘 정돈되어 있었으며 보안도 철저한 곳이었다. 지하철도 가깝고 만만한 식당과 가게가 많아 여러모로 편리하기도 했다. 바로 여기서 나의 야심찬 '파리에서 한 달 살아 보기 프로젝트'는 성공적으로, 아름답게 완성될 예정이었다.

그런데 도착한 다음 날, 너무 피곤해서였는지 아니면 일이 그렇게 되려고 그랬는지 마음처럼 늦잠을 자지 못하고 아침 일찍

파리,
왜 거기였을까?

눈이 떠졌다. 몽롱한 상태에서 문자로 몇 사람에게 안부를 남겼다. 그런데 갑자기 천장에서 천둥 같은 드릴과 망치 소리가 들리는 것이 아닌가. 스프링처럼 침대에서 튀어 올라 위층으로 가 봤더니 제대로 큰 공사가 벌어져 있었다. 로빈슨에게 따져 봤지만 법적으로 주 중 낮 시간에는 공사가 가능하게 되어 있어 어쩔 수가 없단다. 그러면서 큰 소음은 3일 정도면 그칠 거고 1주일 후에는 모든 공사가 끝날 테니 참아 달란다.

파리 에어비엔비 이용 시 주의 사항 첫째, 숙박 기간 동안의 공사 여부를 확인할 것. 그 공사는 주중, 주말, 점심시간 가릴 것 없이 계속되었고 심지어 내가 파리를 떠날 때까지 끝나지 않았다. 파리 에어비엔비 이용 시 주의 사항 둘째, 공사에 대한 주인의 말은 절대 믿지 말 것. 나처럼 집에 있는 시간이 많은 여행자에게는 공포스러운 상황이었다. 딱따구리처럼 머리를 쪼아 오는 드릴 소리를 피하기 위해서, 그저 나가는 수밖에는 없다고 마음을 굳혔을 때 제자인 T 군에게 연락이 왔다. 나와 같은 시기에 칸에 있었지만 영화를 찍느라 바빠 미처 만나지 못했던 친구다. 잠시 사고가 있어서 서울로 돌아가지 못하고 이제는 혼자 파리에 이틀 있게 되었다고.

우리는 노트르담 성당 앞에서 만났다. 대학원생이자 조교였던

T 군은 이제는 모 감독의 영화사에서 월급을 받으며 일하고 있었다. 연기를 전공했지만 연출작으로 국제 영화제 출품까지 했던 성실하고 능력 있는 친구다. 제작비 문제로 모든 스태프가 바로 서울로 돌아가려 했으나 그는 한 여배우의 커다란 짐 가방을 들어 주다 여권을 잃어버려서 비행기 스케줄을 재조정해야 했다. 여권을 곧 다시 찾는 바람에 고의라는 누명을 쓰긴 했지만, 공식적으로 파리를 구경할 시간이 생긴다면 그 정도 말들 쯤이야!

2주라는 경험치가 있었던 나는 그에게 파리를 '잘' 소개하고 싶었다. 다행히 T 군도 산책을 좋아하는 반면 관광 명소를 다니며 사진 찍는 것에는 관심이 없었다. 나처럼 줄곧 걸으면서 수다나 떠는 가이드가 제격이다.

파리 배경의 영화로 사랑받는 작품 중 하나, 〈비포 선셋〉의 제시와 셀린느도 파리를 누비며 끊임없이 이야기를 나눈다. 그들의 여정에 에펠탑이나 개선문은 등장하지 않는다. 생 폴 생루이 성당이나 노트르담 성당이 예외적으로 스쳐 지나갈 뿐이다. 도심 속 고가 산책로인 '프롬나드 플랑테'가 꽤 길게 등장하고, 유람선을 타기도 하지만 관광지 소개보다는 두 사람 사이의 감정을 드러내는 공간 연출에 초점이 맞춰져 있다. 후반부에서 그들은 심지어 셀린느의 집으로 들어가 버린다. 파리 관광청에서는 한심해할 노릇이나 그런 식으로 〈비포 선셋〉은 첫 시리즈인 〈비포 선라

Paris
윤성은

이즈, 1995〉 스타일을 유지한다.

〈비포 선라이즈〉는 두 남녀의 풋풋한 여행지 로맨스였고, 〈비포 선셋〉은 9년 만에 재회한 두 사람이 함께 있는 시간을 벌어 보려는 수단 - 으로 쓰고 '수작'으로 읽어도 무방할 - 에서 시작된 파리 산책이니 출발선은 분명 다르다. 물론 배경 이상으로 대사를 통한 두 사람의 화학 작용이 중요하다는 것은 공통점이다.

전작과 마찬가지로 한 도시의 매력이 물씬 느껴진다면 순전히 리처드 링클레이터 감독의 세심한 디테일 덕분이다. 가령 그는 두 주인공이 지나가는 거리 뒤로 노천 카페에 앉아 있는 사람들이나 카페 안에서 담배를 피우며 와인을 마시는 여성을 적절히 배치함으로써 당장 파리로 떠나고 싶은 충동이 생기도록 만든다. 게다가 러닝 타임 내내 눈부신 파리의 날씨란! 대홍수를 경험한 나로서는 그가 이 영화에서 가장 미화시킨 부분이라 할 수밖에 없다.

〈비포 선라이즈〉와 시리즈로서의 연결성을 비틀어 보여 주는 방식도 흥미롭다. 예를 들면 전작에서는 두 사람이 추억을 나누었던 공간들을 마지막에 삽입시키며 여운을 남기는 데 반해 이번에는 도입부에서 두 사람이 지나갈 곳들을 마치 예고편처럼 보여 준다. 공간 자체가 주인공이 되는 이 유일한 장면에서 감독은 파리의 랜드마크를 영화의 배경으로 삼는 대신 그의 영화 안에 등장하는 장소를 파리의 명소로 만들겠다는 의도를 분명히 한다.

이를 위해 강조하고 싶은 장소에서 카메라 위치를 두 주인공의 등 뒤로 옮기는 방식도 종종 사용하는데 가령 르 퓨어 카페*Le Pure Café*에 들어갈 때는 마치 광고라도 찍듯 카페의 전경과 인물의 뒷모습을 잡아 준다. 영화를 본 사람이라면 한 번쯤 이 장난감처럼 예쁜 빨간 건물에 들어가 커피를 마시고 싶을 것이다. 이처럼 감독의 의도는 파리 곳곳에 제시와 셀린느의 추억이 듬뿍 담기면서 가능해졌고, 화룡점정이랄까 여행 블로거들의 호기심과 스마트폰 카메라의 발전에 힘입어 실현되었다.

제시와 셀린느의 여행을 따라갈 생각은 없었지만 순전히 우연으로, 나와 T 군은 '셰익스피어 앤 컴퍼니'부터 파리 탐험을 시작했다. 시테섬에서 만났으니 선택의 여지가 없었다. 그 다음엔 가까운 곳에 있는 한적한 카페에 들어가 조금은 이른 점심과 와인을 시켜 놓고 끊임없이 영화와 여행과 사랑과 삶에 대해 이야기를 나눴다. 우리 사이에 얼마나 많은 영화인들이 얽혀 있는지 연신 신기해하면서, 가치관의 공통점을 하나씩 발견하는 즐거움을 느끼면서. 옆 테이블의 손님이 바뀌고 또 바뀔 때까지 수다를 떨다 나는 문득 깨달았다. 2주일 동안 칸에서 웃었던 것보다 지난 두 시간 동안 더 많이 웃었다는 걸.

카페를 나와서 우리는 센강을 따라 파리를 횡단하기 시작했는데 루브르궁부터는 강을 벗어나 튈르히 정원과 콩코르드 광장을 가로질러 샹젤리제 거리까지 걸었다. 거기서부터는 다시 방향을 바꿔 튈르히 정원으로 돌아와 아이스크림을 먹고 마지막으로 퐁네프를 배경으로 사진을 한 장 남긴 후 헤어졌다. 그것이 한나절 내내 함께 다니면서 T 군이 찍은 유일한 사진이었고, 제시와 셀린느처럼 우리의 경로에도 개선문이나 에펠탑은 클로즈업되지 않았다. 다만 우리의 대화 뒤로 꽤 쌀쌀한 날씨임에도 맥주 한 캔을 들고 햇빛을 즐기러 나온 현지인들과 센강이 무심하게 반짝거리고 있었을 뿐이다.

그날 처음으로 만약 센강이 없었다면, 센강 강변을 따라 늘어서 있지 않았다면 노트르담도, 루브르도, 오랑주리도, 튈르히도 그렇게 아름다워 보이지 않았을지 모른다는 생각이 들었다. T 군이 돌아간 후, 파리에서 2주간 보낸 여정에서 나의 센강 강변 산책은 더 특별해졌다. 공간에 추억을 담는다는 건 그래서 중요하다. 타인은 모르는 나만의 감흥을 갖게 된다는 것. 여행에서 그것만큼 중요한 것도 드물다.

Firenze

피렌체,
왜 거기였을까?

by 천수림

꽃의 도시, 피렌체. 15세기 피렌체를 이르는 말이 있다. 콰트로첸토*Quattrocento*, 400년대라는 의미이다. 미술사 혹은 인류사를 거슬러 올라가면, 이토록 위대한 시기는 없었다는 일종의 자부심의 표현이라 할 수 있다.

미술을 잘 모른다 하더라도 르네상스와 레오나르도 다빈치, 미켈란젤로의 이름은 알고 있을 것이다. 이 둘 말고도 미술과 건축, 문학의 거장이 동시다발적으로 튀어나온 시기는 없었다. 그래서 피렌체는 '천재들의 도시'라고도 일컬어진다.

연출방식을 도입해 기존 회화의 개념을 바꾸어 놓은 조토, 이탈리아어로 『신곡』을 쓴 단테, 피렌체 예술가 집단의 지도자이자 르네상스 건축의 창시자라 할 수 있는 브루넬레스키, 원근법을 보여준 마사초가 대표적인 예술가다. 이외에도 고전기의 신화를 소재로 한 보티첼리, 그리스의 기둥 양식을 건축에 접목한 알베르티도 주목할 만하다.

북부 유럽이 고딕양식으로 내달릴 때 피렌체는 대제국이었던 로마의 양식과 기억을 피렌체로 불러들인다. 거장이라 불러도 손색이 없는 화가, 건축가들은 원근법의 법칙을 연구하고, 수학의 세계에 열중했으며, 인체의 비밀을 풀기 위해 해부학에 관심을 갖기 시작했다.

르네상스라 불리는 이 시기에 화가와 건축가들은 열망과 욕망을 숨기지 않았다. '길드*guild*'라는 조직을 만들어 실험하고 후학도 길러 냈다. 그들은 사회적 신분이 낮았던 스스로를 격려하고 실험하면서 '존경받는' 위치까지 끌어올렸다. 이 시기는 상업이 발달하고 비로소 시민이라고 불릴 만한 이들이 목소리를 내기 시작했다. 요즘처럼 노동자들이 조합을 만들어 요구를 했고, 파업도 했다.

지금 피렌체로 들어가는 것은 이 '콰트로첸토'로의 여행이다. 우피치 미술관에서 성당으로 도서관으로 그리고 골목길 작은 공방, 카페까지. 이들 천재들은 이 길 위에 서 있었을 것이다.

피렌체를 향하는 이들에게 경고했던 말이 있다. '스탕달 증후군'. 스탕달 신드롬이라는 이 말은 1989년 산타마리아 누오바 병원의 정신과 의사인 그라치엘라 마게리니가 붙인 이름이다. 엄청난 미술품 앞에서 사람들이 문자 그대로 쓰러지는 사건을 여러 번 관찰한 후에 붙였다. 1817년 스탕달이 쓴 일기에서 유래한 용어다.

'피렌체에 있다는 생각만으로도 나는 황홀했다. 게다가 조금 전에는 위대한 예술가들의 무덤가에 있지 않았던가! 숭고한 아름다움에 마음을 빼앗긴 나는 그 아름다움을 자세히 살펴보았다. 아니 손끝으로 만져 보았다. 예술품과 열정적 감정이 어우러져 빚어내는 초자연적 느낌들이 충돌하는 감동의 물결이 나를 휘감았다. (중략) 온몸에서 생기가 빠져나간 듯했다. 나는 발을 내딛고 있었지만 금방이라도 쓰러질 것 같았다.'

분명한 것은 피렌체는 미술관이나 갤러리뿐만 아니라 거리 자체도 미술관 같다는 사실이다. 작은 일상조차 예술이라고 불러도 좋은 곳이 피렌체다. 보티첼리의 그림 〈라 프리마베라〉를 보면 그 속에 있는 꽃만 해도 500종류라는 말이 있다. 진짜인지 확인할 길은 없지만, 피렌체에 가야 한다면 이런 아주 작은 이유라도 괜찮을 것 같다.

산타 마리아 노벨라 역
Stazione di Santa Maria Novella

피렌체의 명소가
모여 있는 곳

일본의 아티스트 온 카와라*On Kawara*는 30여 년 동안 인간의 감정, 태도, 에고, 정감, 기억, 기쁨, 꿈, 환상 등이 제거되었을 때 남는 영역은 무엇인지 탐구해 왔다.

그의 대표적인 연작 중 〈나는 아직 살아 있다〉라는 작품은 일상적으로 지인에게 전보를 보내는 프로젝트다. 이 연작에는 반드시 우편 소인이 찍힌다. 특히 언제 그것들이 보내졌는지를 알 수 있는 시간, 어디에서 그것들이 왔는지를 알 수 있는 장소에 대한 증거가 가장 중요하다.

이런 행위를 통해 온 카와라는 '존재의 지속'에 대한 기본 정보를 제공한다. 이외에 '나는 일어났다'라는 말과 함께 오전 9시 3분, 오전 5시 14분, 오후 1시 30분 등 일어난 시간을 적은 엽서를 매일 두 사람에게 보냈다. 이 연작은 1968년 5월에 시작하여 1984년 스톡홀름에서 물건을 잃어버린 후에야 끝났다.

언제 일어났는지, 살아 있는지에 대한 소식이 어떻게 현대미술의 작품이 될 수 있는지 의아할 것이다. 대답은 그의 〈오늘〉 연작에서 슬며시 들추어 볼 수 있다. 〈오늘〉 연작은 1966년 1월 4일에 시작된 프로젝트다. 연, 월, 일이 명시된 하루하루의 날짜가 적힌 그림들로 이루어졌는데 날짜는 늘 똑같은 어두운 색상의 직사각형 평면 위에 드러난다. 누군가에게 소식을 전하는 엽서 한 장이라도 띄우는 삶에 대해 생각하게 하고, 지극히 평범한 기적 안에

'우리가 살아 있고, 존재한다'는 사실을 깨닫게 하는 작가다.

밀라노 역에서 산타 마리아 노벨라 역으로 출발할 때, 그리고 막 도착했을 때 나 역시 누군가에게 '내가 아직 살아 있다'라는 엽서 한 장을 띄우고 싶은 간절한 욕망에 휩싸였다. 어째서 내가 여전히 어떤 장소에 존재한다는 사실을 익명의 누군가에게 알리는 일이 중요한 것일까.

우리는 살아가면서 끊임없이 관계를 만들어간다. 그리고 때로는 어떤 조건도 달지 않고, 무한한 애정을 쏟을 대상을 만나기도 한다. 그것을 사랑으로 부르든, 인연이라 부르든, 조금 과장해서 기적이라 부르든. 누군가를 만나는 경험을 하곤 한다. 아마도 온 카와라는 사람들이 공통적으로 갖고 있는 심리, '내가 어디선가 살아 있고, 계속 살아가고 있음을 알리는 행위'가 인간의 본능임을 알고 있었던 것 같다.

이 답은 피렌체를 배경으로 한 영화 〈냉정과 열정 사이, 2001〉에서 어느 정도 찾을 수 있을지도 모른다. 〈냉정과 열정 사이〉는 한 제목의 소설을 에쿠니 가오리와 아쿠타가와상 수상작가 츠지 히토나리가 2년 여에 걸쳐 쓴 릴레이 러브 스토리이다.

10년 후 재회의 약속을 가슴에 간직한 남녀, 준세이와 아오이. 그들의 만남과 헤어지는 과정에서 생기는 사랑의 모양을 그리고 있다. 둘은 대학시절에 만나 연인이 되었지만 헤어지고야 만다.

이들은 아오이의 서른 살 생일에 피렌체의 두오모에서 만나자는 약속을 했다. 이 약속은 과연 지켜질까?

"피렌체의 두오모는 연인들의 성지래. 영원한 사랑을 맹세하는 곳. 언젠가 함께 올라가 주겠니?"

"언제?"

"글쎄…."

"한 10년 뒤쯤?"

"약속해 주겠어?"

"좋아. 약속할게."

〈냉정과 열정 사이〉는 둘의 대화로 시작된다. 아오이에 대한 그리움을 품고 다시 피렌체로 돌아온 준세이는 아오이의 서른 번째 생일날에 혼자 두오모 쿠폴라로 향하는 464개의 좁고 긴 계단을 오른다. 이곳에서 우연히 아오이와 재회한다. 실은 피렌체의 두오모 쿠폴라가 원래는 연인들의 성지가 아니었는데, 이 대사 때문에 연인들의 성지가 되어 버렸다.

두오모에서 펼쳐지는 피렌체의 풍경은 14세기에 멈춰져 있다. 이런 방부제 같은 풍경은 어쩌면 우리가 '사랑'이 영원하길 바라는 마음의 풍경일 것이다. 하지만 '사랑의 풍경'은 늘 변할 수밖에 없다.

두오모 근처에 있는 산티시마 안눈치아타 광장도 두오모만큼

Firenze
천수림

이나 사랑받는 곳이다. 규칙적인 아치형 주랑으로 둘러싸인 광장으로 전형적인 르네상스 양식 디자인이라 조화롭고 아담한 느낌이 드는 곳이다.

광장 정면에는 산티시마 안눈치아타 성당이 있고, 오른쪽에는 유럽 최초의 고아원이 자리잡고 있다. 고아원 건물은 두오모의 쿠폴라를 설계한 브루넬레스키가 1445년에 지었는데 이곳에는 아기 문양이 새겨져 있다. 광장 안에는 쌍둥이 분수와 페르디난도 데 메디치 기마상이 있는데 이 기마상 주변은 영화 〈냉정과 열정 사이〉의 주요 촬영지이다.

두오모나 안눈치아타 광장은 세월의 흐름과 무관하게 예전 모습 그대로다. 개인적으로는 이런 변하지 않는 풍경보다는 준세이가 피렌체로 올 때나 피렌체 역에서 밀라노 역으로 아오이를 찾아갈 때 '떠남과 만남'의 장소였던 기차역이 오히려 더 기억에 남는다.

영화를 본 사람들은 피렌체 역에 도착한 순간, 마치 마법처럼 이 영화를 떠올릴 수밖에 없다. 피렌체 중앙역엔 수많은 영화 속 준세이와 아오이가 드나들었을 것이다. 우리는 어떤 면에선 사랑에 설레고, 헤어짐에 아파하는 아오이와 준세이이기 때문일 것이다.

때때로 헤어진 연인들에게 일어나는 흔한 일 중에 하나가 그저 일상의 안부를 묻는 편지 한 장을 받는 일일 것이다. 물론 지금은 이메일 혹은 문자 메시지가 그 자리를 대신하지만 말이다. 그저 '잘 지내고 있는지'를 물었을 뿐인데 일상은 걷잡을 수 없이 흔들리고야 마는 것이다. 영화 〈냉정과 열정 사이〉도 '그녀가 어디에선가 살아가고 있다'라는 작은 소식 한 조각에서 시작된다. 이는 평범하던 일상에 미세한 균열을 일으킨다.

피렌체에서 유화 복원사 과정을 수련 중인 준세이는 오래전 헤어진 연인 아오이의 소식을 듣는다. 준세이는 조반나 선생님의 추천으로 치골리의 작품 복원을 맡게 된다. 이런 중요한 시기에 옛 연인 아오이를 만나기 위해 밀라노로 향하지만 그녀 곁엔 새로운 연인이 있다는 사실을 알게 되고 준세이는 피렌체로 돌아온다. 그런데 자신이 작업 중이던 치골리의 작품이 처참하게 훼손된 채 발견되는 사건이 발생한다. 이 사건 이후 그가 일본으로 돌아가는 이야기이다. 마치 아오이와의 관계가 복원되지 못한 것처럼, 치골리의 작품도 복원해 내지 못한 것이다. 영원할 것만 같았던 사랑은 어째서 이토록 변하는 것일까.

에쿠니 가오리와 츠지 히토나리가 함께 쓴 소설, 그리고 영화를 통해 이런 '고전적인 질문'이 던져진다. 어쩌면 지금도 피렌체 역엔 수많은 아오이와 준세이가 기차에서 내리고 있을 것이다. 그리고 14~15세기 이탈리아 르네상스의 중심지였던 피렌체의 풍경 속에서 각자의 기억을 복원하고, 그리워하다가 로마, 혹은 밀라노로 향하는 기차를 타면서 자신도 변해 버렸음을 알게 될지도 모른다.

무엇보다 피렌체의 중앙역은 아름답다. 특히 중앙홀 지붕의 큰 유리를 통해 들어오는 햇빛 덕분에 안온한 느낌이 든다. 중앙역은 피렌체에 있는 여러 역 중 가장 대표적인 역이다. 굉장히 모던해 보이는 이 건축물은 1932년 유명한 건축가 조반니 미켈루치 *Giovanni Michelucci*가 디자인한 것이다. 역 근처 고딕양식 건물인 산타 마리아 노벨라 성당과 대조적이다. 모던하고 실용적이며 현대적인 디자인이 특징이다.

역 앞에 산타 마리아 노벨라 성당이 있어서 중앙역보다는 산타 마리아 노벨라 역이라고 자주 불린다. 피렌체의 주요 명소는 모두 이 역을 중심으로 모여 있기 때문에 피렌체의 관문 역할을 하며, 지도에서 기준점이 되는 곳이다. 로마의 테르미니 역보다는 작은 규모지만, 늘 이탈리아 곳곳으로 떠나려는 이들로 가득한 곳이다.

준세이가 치골리의 명화를 복원하려 애쓰듯, 우리는 지나간 시간을, 추억을 불러내고 복원하고 싶어 한다. 냉정과 열정 사이, 당신은 그 사이 어디쯤에 있을까.

두오모(산타 마리아 델 피오레 성당)
Basilica di Santa Maria del Fiore

❰

시민의 힘으로
지은 성당

'높은 자리에 서서 멀리 과거를 바라본다. 물론 앞쪽으로 전망은 무한하고, 여행은 새로 시작된다.'

작가 조르지오 좀머가 『보볼리 정원에서 내려다본 피렌체 풍경』에서 쓴 구절이다. 피렌체는 수많은 아티스트와 작가가 사랑한 도시다. 저마다 좋아하는 장소가 있었을 테다. 내가 꼽은 피렌체 최고 전망은 보볼리 정원에서 바라본 '두오모가 있는 피렌체' 풍경이다. 보통은 두오모(산타 마리아 델 피오레 성당)에서 본 피렌체 전경을 선호하지만 나는 조르지오 좀머처럼 보볼리 정원에서 보는 풍경이 더 아름답다고 생각한다. 아름답다고 표현하기엔 좀 부족한 감이 없지 않다.

영국의 작가 토머스 하디는 이 도시를 '마음을 진정시켜 주는 *soothing*' 곳이라고 느꼈다고 말한다. '마음을 진정시켜 주는' 이유엔 한송이 꽃처럼 피어 있는 두오모 성당이 톡톡히 한몫을 하고 있다. 짙은 자줏빛이 섞인 주홍색 지붕 사이로 봉긋하게 솟아 있는 두오모와 옆에 있는 산 조반니 세례당, 조토의 종탑이 함께 어우러져 있는 모습은 피렌체의 랜드마크라고 해도 손색이 없을 것이다.

두오모의 쿠폴라*Cupola*는 판테온의 디자인을 응용한 것으로 로마의 재현을 꿈꾸던 초기 르네상스 건축의 걸작으로 꼽힌다. 1437년 르네상스 건축의 아버지라 불리는 필리포 브루넬레스키

Firenze
천수림

가 완성한 것이다. 쿠폴라는 반구 모양의 지붕을 뜻하는 건축용어로 돔_Dome_이라고도 부른다.

두오모는 최대 3만 명 정도 수용할 수 있는 대규모 성당으로 로마에 있는 산 피에트로, 밀라노 대성당, 런던의 세인트 폴과 함께 대형 성당으로 꼽힌다. 내부에는 조르조 바사리가 그린 천장화 '최후의 심판'이 있다. 내부는 사람들이 가득 메울 때 오히려 아름답게 보일 수 있도록 설계되었다고 한다.

미켈란젤로가 산 피에트로 대성당(로마 성 베드로 성당)의 쿠폴라를 설계해 달라는 의뢰를 받자 "피렌체의 두오모보다 더 크게 지어 드릴 수 있지만 아름답게는 해 드릴 수는 없습니다"라고 대답했다는 일화가 전해질 만큼 아름다운 건축물이다.

우리는 흔히 두오모라고 부르지만 정식 명칭은 '산타 마리아 델 피오레 성당'이다. 이 대성당은 13세기가 끝날 무렵 건설되기 시작했다. 당시 두오모는 로마의 판테온을 뛰어넘는 게 목표였다고 한다. 두오모는 '신을 모신 집'이라는 뜻이다.

판테온_Pantheon_은 그리스어 '판테이온_Πάνθειον_'에서 유래했는데, '모든 신을 위한 신전'이라는 뜻이 담겨 있다. 모든 신들에게 바쳐진 신전은 로마 제국 내 로마의 신을 믿지 않거나 다른 이름으로 로마의 신을 섬기는 백성을 위한 일종의 혼합주의적인 정책의 일환이었다. 이 건물이 당시에 실제로 어떻게 쓰였는지는 알려지지 않았다.

내가 로마의 판테온에 갔을 때는 판테온 안에서 작은 클래식 음악회가 열리고 있었다. 판테온은 둥근 형태의 뚫려 있는 지붕 내부 때문에도 유명한데, 돔의 '거대한 눈(개구부)'으로 쏟아져 들어오는 햇빛 때문에 성스러운 느낌이 들곤 한다. 현재 철근이 들어 있지 않은 세계에서 가장 거대한 콘크리트 돔이다. 판테온은 르네상스 시대까지 서양 건축사에 영향을 끼쳤는데 그중 브루넬레스키가 설계해 완공된 피렌체의 산타 마리아 델 피오레 대성당이 첫 번째로 거론된다. 파리 판테온도 그중 하나이다.

두오모는 아르놀포 디 캄비오, 조토, 탈렌티 등이 건설을 맡아서 진행했다. 브루넬레스키가 설계한 이 거대한 돔은 1436년 완성될 때까지 무려 150년이 걸렸다. 붉은 꽃봉오리를 떠올리게 하는 우아한 여덟 개의 측면과 풍부한 질감, 창공을 향해 솟아오른 모습은 지금도 피렌체하면 떠오르는 첫 번째 상징물이다.

연인과 함께 쿠폴라에 오르면 사랑이 이루어진다는 전설 때문에 연인의 성지라고도 불린다. 이 말은 앞서 소개한 영화 〈냉정과 열정 사이〉에서 준세이와 아오이가 10년 만에 다시 만난 장소이기 때문이기도 하다.

두오모 남쪽 맞은 편에는 브루넬레스키의 동상이 있다. 브루넬레스키의 시선을 따라가면 두오모를 올려다볼 수 있다. 이 건축가는 현재를 사는 우리가 두오모를 이토록 사랑하며, 전 세계 연인들이 성지로 여길 만큼 아낀다는 사실을 상상이나 했을까.

두오모 옆에 있는 산 조반니 세례당Battistero di San Giovanni은 피렌체에서 가장 오래된 종교 건축물로 로마 시대에 세운 마르스신전에서 기원한다. 11~13세기 피렌체의 수호성인 성 요한(세례요한)의 이름에서 따온 팔각형의 세례당이다. 현재의 세례당은 4세기경에 지은 소성당을 재건한 것으로 팔각형의 바실리카 형식의 건축물이다.

내부 장식은 조토가 맡았는데 세례당의 천장은 최후의 심판을 주제로 심판자인 예수상을 중심으로 「구약성서」와 「신약성서」의 이야기 그리고 예수, 성모, 성 요한의 생애도 등이 13세기 비잔틴풍 모자이크 작품으로 구성되어 있다.

15세기 기베르티의 작품인 세례당 동쪽의 청동문이 특히 유명한데 일반적으로 '천국의 문'으로 알려져 있다. 진품은 두오모 오페라 박물관에 소장되어 있다. 아담과 이브의 창조부터 솔로몬과 시바 여왕의 만남에 이르는 「구약성서」 이야기가 10구획으로 나누어 있다. 세례당의 북쪽 문도 기베르티의 작품으로 '천국의 문'보다 1년 앞서 제작되었다. 단테와 조토를 비롯한 토스카나 지방의 르네상스를 빛낸 이들은 이곳에서 세례를 받았다.

쿠폴라보다는 좀 낮으나 조화를 이루는 조토의 종탑Campanie

232

Firenze
천수림

*di Giotto*도 아름답다. 하늘을 향해 뻗어 있는 직사각형의 모양에 흰색, 분홍색, 녹색의 대리석으로 장식되어 있다.

서양 회화의 아버지로 불리는 조토 디 본도네*Giotto di Bondone*는 이탈리아 피렌체 출신의 화가이자 건축가다. 그는 평면 회화 외에 입체감과 실제감을 표현한 피렌체파 회화를 창시한 것으로 알려져 있다. 종탑은 1334년 설계, 제작을 시작해 조토가 죽은 후 제자 안드레아 피사노와 탈렌티가 1359년에 완성한 것이다. 종탑 아래 새겨진 육각기둥 부조 장식도 조토의 작품이다. 이 장식은 '인간의 창조'와 '인간의 노동'을 묘사하고 있다. 기둥 사이의 벽을 장식한 부조 패널은 피사노의 작품이다. 진품은 모두 두오모 오페라 박물관에 소장되어 있다. 종탑에서도 피렌체 전경을 내려 다볼 수 있다.

두오모가 건립되기 전인 1296년에도 이곳은 산타 레파라타 성당이 있던 자리다. 당시에는 지금처럼 모든 시민의 공간이 아니라 농촌에 대토지를 소유했던 토착 귀족과 주교의 근거지였다. 막강한 영적 권력을 행사하던 이곳이 시민의 공간이 된 데에는 르네상스라는 커다란 흐름이 있었기 때문이었다. 두오모도 길드 정부의 후원과 시민들에게서 거둔 세금으로 지어진 것이다.

길드정부는 주교와 귀족의 권력 기반인 교회를 허문 후에 새 로운 교회를 세우고 싶어 했다. 축일 역시 성모 마리아가 탄생한

9월 8일로 정했고, '꽃의 성모'를 의미하는 '산타 마리아 델 피오레'라고 지었다. 두오모는 여타 교회와 달리 '시민의 힘'으로 지었다는데 큰 의미가 있었다.

옴베르토 에코는 "성당은 돌로 된 거대한 책으로, 실제로 선전 플래카드와 TV스크린의 기능을 한다"라고 말했다. '산타 마리아 델 피오레'는 시민들을 위한 커다란 책이었다.

단테의 집
Museo Casa di Dante

'단테 신드롬'의
실체를 만나다

1274년 피렌체, 오월제가 열리던 어느 날. 단테는 부유한 은행가였던 폴코 프로티나 가문에서 주최하는 연회에서 프로티나 가문의 딸인 베아트리체를 처음 보았다. 빨간 드레스를 입고 있던 차분한 베아트리체를 보자마자 첫눈에 반한 단테는 그때의 심정을 이렇게 남겼다.

바로 그 순간, 진실을 말하자면, 내 심장의 방 안에 있는 생명 영기*vital spirit*가 너무도 격렬하게 떨리기 시작하여, 내 몸의 가장 가느다란 혈관마저도 이상하게 영향을 받아 떨리기 시작했다. 그리고 생명 영기는 이렇게 말했다. "나를 지배하러 온 나보다 더 강한 신을 보라." 그 순간 모든 감각들이 지각을 가져가는 높은 방에 있는 동물 영기가 경이로움에 자극을 받아 시각 영기에게 직접 이렇게 말했다. "지금 네가 축복받았음이 나타났도다."

아홉 살 소년 단테는 그날 이후 그녀를 평생 숭배하며, 사랑의 본질을 밝히고자 했다. 그 후에 단테는 18살이던 해에 베키오 다리에서 그녀를 두 번째 만났다고 전해진다. 실제 베아트리체의 집과 단테의 집(현재 박물관으로 쓰고 있는)은 아주 가까운 거리였지만, 전하는 바에 의하면 그들은 평생 두 번 만났다고 한다. 그러니 베아트리체를 단테의 연인이라고 부르기에는 적합하지 않다. 그러나 두 사람은 마치 로미오와 줄리엣, 견우와 직녀처럼 '불멸의 연인'으로 인식되곤 한다.

베아트리체는 그에게 사랑의 대상 그 이상인 숭배의 대상이었다. 간혹 단테가 평생 그녀만을 사랑했다는 것은 오해다. 실제로는 결혼도 했고, 다른 여인을 사랑하기도 했다. 베아트리체는 시모네 데 바르디라는 부유한 은행가와 중매결혼을 했지만, 스물네 살이라는 젊은 나이에 죽고 만다. 그렇다면 우리는 어째서 그들의 사랑을 그토록 오해하게 된 것일까.

단테는 이탈리아 문학의 아버지라 불리며 명작 『신곡』을 남겼는데, 바로 이 작품에서 베아트리체는 '안내자' 역할을 한다.

한 영혼이 말하는 동안 다른 영혼은 울고 있었다. 비통한 소리에 에워싸인 나는 그들이 불쌍해, 죽어 가는 사람처럼 정신을 잃고 시체가 쓰러지듯 지옥의 바닥에 무너져 버렸다.
〈지옥편〉5곡*

지옥의 안내자 베아트리체는 이집트의 왕족과 묻힌 '사자의

* 신곡 지옥편, 단테 지음, 박상진 옮김, 민음사, 57페이지

서'(사후 세계의 안내서)에 나오는 농경의 신 오시리스를 떠올리게 한다. '사자의 서'에는 진실의 깃털이라는 심판 이야기가 나온다. 죽음의 신 아누비스는 망자를 사후 세계로 인도한다. 망자는 진실과 심판의 신, 마트 앞에 심장을 꺼내 놓아야 한다. 망자의 심장이 깃털보다 무거우면 그는 다음 사후 세계로 들어갈 수 없다. 하지만 심판을 무사히 통과했다면 오시리스와 사후 세계를 여행한다.

왜 하필 심장의 무게를 단 것일까. 이집트인들은 사람의 영혼과 가치가 심장에 담겼다고 믿었다. 깃털보다 가벼운 심장이라니. 우리 모두는 지옥행일 수밖에 없지 않을까.

영혼이 순수한 베아트리체는 오시리스처럼 지옥을 안내한다. 그녀는 이미 사랑의 의미를 담은 고귀한 존재다. 지금도 우리가 단테를 소환하는 이유는 바로 이렇게 태어나서 죽기까지, 그리고 그 후의 세계까지 아우르는 인간 내면의 여행을 담고 있기 때문일 것이다. 실제로 단테는 1300년에 로마를 순례했다. 그런데 만약 단테가 이집트도 순례했다면 큰 충격에 빠졌을 것이다. 그가 쓴 『신곡』의 이미지가 '사자의 서'와 맞닿는 부분이 많기 때문이다.

누군가는 '연옥'을 만든 것이 단테의 업적이라고 말할 만큼 인간에게 유예 공간은 희망의 장소였을 것이다. '사자의 서'에서는 심판이 끝난 후, 가차 없이 지옥행이기 때문이다. 고리대금업자는 천국에 갈 수 없다는 당시 상황에서 연옥은 분명 대안처였을 것이다. 그래서 천국으로 가는 길 이전에 정화의 장소로 선택된 연옥은 13세기의 혁신이라고 부를 정도였다.

한편 단테가 보여 주려고 한 것은 한 여자를 사랑할 때 남자가 하느님으로부터 등을 돌리는 것이 아니라 오히려 하느님을 향해 다가간다는 것이다. 베아트리체는 하나의 상징적 존재이며, 때가 되었을 때 단테는 그녀가 그에게 사랑의 의미 자체를 이해할 수 있게 해 준 수단이었음을 이해하게 된다.

작가로서 단테의 생애는 그 시대의 정치와 떼어 놓고 생각할 수 없다. 그는 시대의 주요 정치적 쟁점에 관여했다. 단테의 인생에서 이 국면은 1294년에 시칠리아의 왕 샤를 2세의 아들이 피렌체에 와서 3주간 머물렀을 때 시작되었다.

당시 권력은 길드 또는 시민들의 손에 있었다. 권력을 원한다면 길드에 가입하는 것이 필수였다. 단테는 의사와 약제사 길드에 가입했다. 당시 서적 출판업을 좌지우지했던 피렌체의 의사와 약제사 길드는 전문가의 길드이기도 했다.

단테는 1301년에 발루아의 백작 샤를 문제로 교황과 이야기하기 위해 로마에 사절로 파견갔다가 억류되었다. 교황은 발루아 샤를에 반대하는 그를 피렌체 밖에 잡아 두어야 했다. 그는 유례없이 긴 기간 동안 로마에 억류되었고, 피렌체로 다시 돌아오지 못했다.

Firenze
천수림

단테의 집은 2015년에 박물관 개관 50주년을 맞이해 다큐멘터리를 제작했다. 『신곡』이 상상 속의 천국과 지옥을 여행하는 것처럼 다큐멘터리(스테파노 마시니 *Stefano Massini* 각본)는 타임슬립 방식을 선택했다. 다큐멘터리에서는 두 여인이 등장한다. 이들은 헨리 홀리데이 *Henry Holiday*의 그림인 〈단테와 베아트리체〉에 등장하는 두 여인의 이미지와 겹친다. 이 그림은 생전에 단테가 베키오 다리 아래에 있는 트리니타 다리에서 베아트리체를 두 번째 마주친 실화를 바탕으로 하고 있다.

다큐멘터리에서 두 여인은 피렌체를 산책하다 잔디밭에서 잠이 들었고 눈을 떠 보니 현재 피렌체의 도심에 와 있다. 이들은 두오모에서 우피치, 베키오 다리, 아르노강 등 피렌체의 명소를 두루 살핀다. 현대의 변화에 당황하며 놀라지만 이내 호기심을 느끼며 도시탐험에 나선다. 우연히 자신들의 시대와 같은 복장을 한 청년이 인도하는 길을 따라 '단테의 집'에 이른다는 이야기이다. 마치 신곡에서 베아트리체가 안내자 역할을 하듯이, 청년은 어쩌면 단테를 상징하지 않을까. 단테의 집에 도착한 두 여인은 박물관이 된 그곳에서 단테의 두상과 마주친다.

단테의 집은 단테의 생애를 알 수 있도록 그가 처음 소속되어 있던 의사와 약사의 길드부터 자세히 소개하고 있다. 중세의 초기 치료법으로 환자에게 처방된 약과 연고를 만드는 데 사용된

식물에 대한 것도 알 수 있다. 또한 당시의 광물, 도구, 조각, 직조 및 페인팅의 주요 공예품, 석고타일 등이 있고, 〈자비의 성모 *Virgin of Mercy*〉를 재현한 그림도 있다. 이 그림은 젊은 단테의 눈으로 본 중세 피렌체는 탑이 유난히 많은 도시였다는 이미지가 담겨 있다.

단테의 집에는 피렌체 도시의 내부 분열과 경쟁하는 파벌 간의 전쟁을 묘사한 그림, 피렌체 무역에 기반한 도시의 부를 나타내는 피렌체 경제부분에 대한 것도 볼 수 있다. 유럽 전역에 걸쳐 만들어진 화폐, 금과 은으로 된 화환을 교환하기 위해 사용되는 통화를 재현함으로써, 중세의 유명한 금세공과 귀금속을 만드는 데 금세공인이 사용하는 도구 등을 볼 수 있다. 이탈리아 군인, 무기 및 석궁 등을 통해 13~16세기까지의 무기의 변화도 볼 수 있다. 단테의 집은 피렌체의 정치·사회적 풍경을 들여다볼 수 있는 공간인 셈이다.

단테의 집을 찾아가는 동안, 단테와 베아트리체를 떠올려 보았다. 다행히도 단테와 베아트리체의 이미지는 이탈리아 미술가들에 의해 확고해진다. 헨리 홀리데이의 〈단테와 베아트리체〉, 단테 가브리엘 로세티의 〈축복받은 베아트리체〉를 보면 그녀는 마치 그리스·로마 신화에서나 나올 법한 여신의 환상적인 이미지를 획득하고 있다.

이외에 도메니코 디 미켈리노 〈신곡을 들고 있는 단테〉, 산드로 보티첼리 〈단테의 초상화〉, 〈지옥도〉, 페르디낭 들라크루아 〈지옥의 수레를 설명하는 베아트리체〉 등이 있다.『신곡』이라는 텍스트는 미술의 소재로 각광받아 온 것이다. 시공을 넘나드는 환상적인 세계와 지고지순한 사랑은 '단테 신드롬'의 이유로 충분했다.

터키의 작가 오르한 파묵의『순수 박물관』은 소설이다. 이 작품에 등장하는 허구의 여주인공 휘순을 위한 '순수 박물관'이 실제로 개관했을 때 큰 화제를 모았다.『순수 박물관』은 한 여자와 만나 44일 동안 사랑하고 339일 동안 그녀를 찾아 헤맸으며 2,864일 동안 곁에서 바라본 한 남자의 30년에 걸친 사랑과 집착을 그린 소설이다. 그녀와의 사랑이 이루어지려던 찰나, 사고로 연인을 잃은 남자는 유품을 모아 '순수 박물관'을 짓는다. 이탈리아 화가들과 조각가들은 아마도 이 순수 박물관을 짓는 남주인공의 마음이었을 것이다.

피렌체에서 단테의 집 골목을 걷거나 베기오 다리를 걸을 때면 헨리 홀리데이 그림 속처럼 왠지 그 둘을 마주할 것만 같다.

베키오 다리
Ponte Vecchio

◖

사랑의 감정을
확인하세요

아르노강 건너편, 베키오 다리를 건너 산토 스피리토 광장 방향으로 강을 따라 20여 분 정도 걷다 보면, 강 건너로 우피치 미술관과 마주하는 지점이 있다. 잠시 그곳에 서서 우피치 미술관과 그 너머로 보이는 두오모를 보고 있었다. 영화 〈냉정과 열정 사이〉에서 준세이가 자전거를 타고 내려가던 그 길이다. 내가 피렌체에 끌린 것은 소설과 영화 속 준세이 때문이었을까. 어쩌면 이 '의문의 남자'를 찾아서 피렌체로 날아온 것인지, 생각해 보았다. 산산한 강바람이 손가락 사이로 빠져나가는 느낌이 생생하게 느껴졌다.

'사랑과 이별'이라는 주제에 깊이 천착해 온 프랑스의 작가 파빌리옹 소피 칼은 소설이나 영화 속 남자가 아닌 살아 있는 사람을 따라 베니스로 향한다. 1978년에 우연히 거리에서 만난 한 남자를 몰래 따라다니기 시작한 그녀는 낯선 남자의 뒷모습을 몰래 촬영했다. 그가 베니스로 향하는 것을 알고 나서는 그의 여정에 본격적으로 합류하며 그의 뒤를 따라간다.

그녀는 1981년에는 베니스의 호텔에서 3주 동안 메이드로 일했다. 객실에 남겨진 옷가지, 읽던 책, 메모, 먹다 남은 과일껍질 등의 흔적을 촬영했다. 이 이미지들로 낯선 이야기를 재구성해 〈호텔L'Hotel〉이라는 작품을 남겼다. 소피 칼의 사진은 소설이나 영화의 특징을 고스란히 담고 있다. 그녀의 시선을 따라가다 보

**피렌체,
왜 거기였을까?**

면 우리는 낯선 이의 취향, 습관 어쩌면 사랑의 흔적까지도 마주
치게 된다.

소피 칼의 또 다른 작품 〈잘 지내기를 바라요*Take care of yourself*〉
는 2007년 베니스 비엔날레에서 소개되었다. 그녀는 남자친구에
게 받은 이별 통보 편지를 저널리스트, 변호사, 가수, 작가, 배우,
모델 등 주변 107명의 여인에게 보냈다. 그리고 그들에게 그 편
지를 읽고 난 이후에 떠오르는 감정, 아이디어를 담은 작업의 결
과물을 회신해 달라고 요청했다.

한 언어학자는 편지 속 어휘들을 분석해 'love'라는 단어는 4
번 'things'라는 단어는 3번 등장했다고 밝혔다. 또한 'I'를 주어
로 사용한 문장들('I am prepared', 'I am sure', 'I can never')도 분석
했다. 한 저널리스트는 '지난 화요일 소피 칼이 X로부터 헤어지
자는 편지를 받다. - 2006년 1월 25일'의 단신기사 형식으로, 동
화작가는 '악마의 깃털'이라는 제목으로 동화를 써 보냈다. 성의
학전문의는 소피 칼에게 '당신은 현재 어떠한 처방도 필요 없어
요. 시간이 지나면 나아질 겁니다'라는 진단을 내리기도 했다.

이 프로젝트는 누구나 겪는 이별의 감정을 분석하고 해석함으
로써 자신과 타인에 대해 숙고하게 만들었다. 그녀의 작품은 실
재와 허구, 우연한 상황과 이미지를 섞음으로써 우리가 각각 처
한 이별의 문제를 마주보게 만든다.

한편 작가 폴 오스터는 소설 『거대한 괴물*Leviathan*』에서 소피 칼의 캐릭터를 빌려와 '마리아'라는 가상의 인물을 만들어 냈다. 그것을 본 그녀는 오히려 폴 오스터에게 "당신이 허구의 인물을 하나 창조해 주면 그 인물로 살아 보겠다"라고 제안한다. 폴 오스터는 '뉴욕에서의 삶을 아름답게 만들기 위해 소피 칼이 개인적으로 사용하게 될 교육 입문서(왜냐면 그녀가 요구했으니까)'라는 지침서를 건넸다.

폴 오스터가 내린 지침은 이것이다. 1. 사람들에게 미소 지어 주기 2. 낯선 이에게 말 걸어 주기 3. 노숙자에게 샌드위치와 담배를 나눠 주기 4. 하나의 장소를 사적으로 점유하기

소피 칼은 폴 오스터의 네 가지 지침을 '고담 핸드북*Gotham Handbook*'이라는 이름으로 실행했다. 그 결과 '어디로 그리고 언제?*Où et Quand?*'라는 질문을 내건다. 그녀는 예언가에게 "언제 어디로 떠나야 하는지"를 물은 뒤, 예언가가 정해 준 도시를 찾아갔다. 그 후 지시대로 움직이며, 목격한 것들을 기록했다.

피렌체는 소피 칼처럼 '사랑은 운명이다'라는 촌스럽기 그지없는, 그러나 한 번쯤은 그런 운명을 믿어 보고 싶을 때 '숨어들고' 싶은 도시다. 하지만 내 경우엔 정반대였다. 난 오히려 예언가(물론 가상의 인물이다)에게 이렇게 물었다. "진정한 이별을 하기 위해서 언제 어디로 떠나야 하나요?" 예언가가 정해 준 도시는 피렌

Firenze
천수림

체. 장소는 '영원한 사랑을 맹세하는 곳'이라 불리는 두오모의 쿠
폴라를 좀 멀찍이 볼 수 있는 곳이었다.

앞서 설명했듯이 두오모는 '영원한 사랑을 맹세하는 곳'으로
연인들의 성지라고 불리는 곳이다. 아르노강을 기준으로 본다면
두오모 쪽은 분명히 이런 낭만적인 곳이다. 하지만 베키오 다리
를 건너는 순간 그 빛깔과 풍경은 조금 달라진다. 주황이나 겨잣
빛 지붕이 있는 피렌체의 상징적인 빛깔보다는 오히려 잿빛이나
옅은 갈색의 건물 때문에 '낡았다'는 인상이 들기 때문이다. 어쩌
면 이 옅은 갈색빛은 주황빛 두오모 지붕에 반해 이별의 색일지
도 모른다.

화사한 장밋빛이었던, '사랑이라고 믿었던 감정'이 옅은 갈색
을 띠다가 마침내 더 짙어질 수 없어 까맣게 변한다면 그것은 이
별의 징후가 아니라 이미 결과임에 틀림없다. 내 경우엔 갈색으
로 변한 장미꽃을 보고 '이걸 어쩌지?' 하던 순간에 직면했다. 오
랫동안 묵혀 두었던 그 감정을 오로지 나를 위해 흘려보낼 장소
가 필요했다.

소피 칼이 베니스의 그 남자를 추적하듯, 만약에 이별하기 위
한 내 여정을 추적했더라면 어땠을까. 엉뚱한 상상을 하며 아오
이와 준세이가 걸었을 두오모 골목길과 아르노 강변을 산책했다.
그리고 그와 그녀가 만나서 이야기를 나누고, 헤어지기를 반복

한 산티시마 안눈치아타 광장, 조토의 종탑, 미켈란젤로 언덕, 리퍼블리카 광장을 걸었다. 비록 영화 속 이야기이지만 우리도 누구나 한 번쯤 자신 안으로 온전히 '타인'을 들여보내는 마법 같은 순간이 있다. 그리고 그들처럼 이별해야 할 때도 반드시 온다. 아르노 강변을 걸으며 나지막이 당신에게 인사를 건넨다. '당신도 부디 잘 지내기를 바라요.' 손가락 사이로 바람이 지나가는 게 느껴진다. 이상하게도 자유롭다.

베키오 다리에 있는 금은방, 보석상점이 있는 상가를 지나면 다리 가운데 작은 광장이 있다. 지금은 보석상점이지만, 그전에 이곳은 푸줏간들의 영역이었다.

베키오 다리는 1345년에 건설된 것으로 피렌체에서 가장 오래된 다리다. 1944년 8월 3일 독일군이 피렌체에서 철수하는 과정에서도 파괴되지 않고 유일하게 살아남았다. 다리는 타데오 가디 *Taddeo Gaddi*와 네리 디 피오라반테 *Neri di Fioravante*가 설계한 것으로 1333년 유난히 심했던 홍수 이후 만들어졌다. 베키오 다리가 완공되자 곧바로 석조 상점들이 들어섰고, 이후 200년 동안 청과물 가게와 정육점이 자리를 차지하고 있었다.

지금처럼 금은방이 생긴 것은 1593년 페르디난도 1세 대공 때일이다. 고기와 채소 찌꺼기 때문에 더러워진 다리를 깨끗하게

피렌체,
왜 거기였을까?

만들기 위해 금은 세공업자들에게 임대한 것이라고 한다. 다리 중간 작은 광장에 16세기의 유명한 금세공업자인 벤베누토 첼리니*Benvenuto Cellini*의 동상이 있는 것도 이런 이유 때문이다. 이곳에서는 다리 양쪽으로 흐르는 강을 볼 수 있어서 늘 연인들이 다리를 가득 메우곤 한다.

베키오 다리는 좌우로 상점이 있어서 중간에 서면 다리라는 느낌이 들지 않는데 이 광장에 서면 비로소 다리임이 실감난다. 피렌체는 혼자 다녀도 외롭지 않은 곳이지만, 베키오 다리를 지날 때는 그렇지 않다. 그럴 땐 오히려 다리를 얼른 건너는 수밖에(하하). 겨우 강 하나만 건넜을 뿐인데 올트라르노 구역은 한적했다. 노란색이 도는 따뜻한 연둣빛 강 바로 건너편으로 우피치 미술관을 향해 가는 길이 보인다.

베키오 다리 위에서는 흐르는 강이 보이지만, 이렇게 멀리서 보면 베키오 다리와 마치 장미처럼 핀 두오모 쿠폴라가 보인다. 마치 사랑이 다 지나간 후 그 빛깔이 어떠했는지 온전히 보이는 것처럼.

정치 집회와
시장이 열리던
다목적 공간

시청사가 위치한 시뇨리아 광장. 해가 지려면 아직 먼 저녁 7시 무렵에 어디선가 사람들이 몰려오기 시작하더니 공간을 꽉 채웠다. 클래식 공연이 열릴 예정이었다. 시뇨리아 광장 근처에 있는 카페나, 젤라또 가게의 종업원도 밖을 내다보고 있었다.

피렌체에 머물 때 가장 좋았던 때를 꼽으라면 시뇨리아 광장에서 열렸던 야외연주회를 볼 때였던 것 같다. 바람도 선선한 데다 노을이 지는 광장에서 저마다 국적이 다른 이들이 친구나 가족처럼 함께 음악을 듣는 경험은 마치 '피렌체'라는 도시가 몰래 숨겨 놓았다 주는 선물 같았다. 혼자라는 생각이 들지 않을 정도로 충만했다. 보통 광장 모퉁이에 있는 적당한 지점, 가령 로지아 아래라든가 팔라초 베키오 정면 계단, 그리고 카페의 야외테라스에 자리를 잡고 광장을 지나가는 사람들을 본다. 어디서 왔는지 모르는 이들이 광장을 거닐고 뒤섞이는 모습을 보고 있으면 시간이 참 천천히 흐른다는 느낌을 받곤 했다. 공공의 야외공간인 광장에서 사방으로 들어갈 수 있는 골목길엔 작은 개인상점과 노상카페, 길모퉁이 잡화점이 자리하고 있다.

시뇨리아 광장은 음악회가 열리지 않는 대낮에도 베키오궁을 가거나, 혹은 우피치 미술관, 피티 궁전을 가기 위해 반드시 거쳐야만 하는 공간이라 늘 사람이 많다. 하지만 북적인다는 생각은 들지 않는 공간이었다. 오히려 지나가는 사람보다 머무는 사람이 많은데도 말이다.

시청사 건물인 팔라초 베키오 앞에는 많은 조각상이 전시되어 있다. 암만나티의 〈넵투누스의 분수대〉, 도나텔로의 〈유디트와 홀로페르네스〉, 미켈란젤로의 〈다비드〉, 반디넬리의 〈헤라클레스와 카쿠스〉 조각상이 있어 흡사 야외 갤러리 같은 공간이라 할 수 있다.

특히 네 마리의 말 위에 나신으로 서 있는 넵튠은 세상을 지배했던 피렌체의 강력한 힘을 시사하고 있다. 바다의 신 넵튠(포세이돈) 앞에선 누군가를 기다리는 사람이 항상 있어서, 광장은 늘 활기찬 느낌이 들었다. 에드워드 모건 포스터의 소설 『전망 좋은 방』은 영화로도 제작되었는데 여기에도 광장이 등장한다. 영화 속에서는 광장이 여행하는 여인들을 피렌체 건달들이 대놓고 희롱하는 공간으로 등장하고, 심지어 살인 현장이 되기도 한다.

로자 데이 란치*Loggia dei Lanzi*는 광장에 있는 회랑으로 15개의 조각상이 들어서 있다. 〈겁탈당한 사비나 여인〉은 르네상스 최초의 작품으로 플랑드르 출신의 조각가인 짐 볼로냐가 만들었다. 〈겁탈당한 사비나 여인〉은 로마 건국 시기의 이야기를 전하고 있다. 로마 건국신화의 아버지 로물루스는 로마에 있는 모든 이들을, 그들이 이민족이든 노예든 상관없이 모두 로마 시민으로 받아들이길 원했다. 이 새로운 국가는 혈연, 신분을 뛰어넘는 공동

Firenze
천수림

체였는데, 당시에는 남자보다 여자가 적었다.

〈겁탈당한 사비나 여인〉의 스토리는 범죄에 해당할 듯한 이야기이다. 로마인이 바다의 신 넵튠을 기리는 축제를 연 다음에 이웃해 있는 사비나족 여인들을 초대해 강탈하는 것이 작품의 스토리다. 사비나족 남자는 모두 죽이고 말이다. 정말인지 거짓인지 알 수 없는 그 뒷이야기는 사비나족 여인들이 로마 남자와 결혼해 정착한다고 전한다. 로물루스 자신도 사비나 여인과 결혼했고, 그 후 사비나도 로마가 다스리게 되었다.

이런 비극적 이야기는 조각 속에서 딸을 빼앗기지 않으려는 아버지의 표정에 너무나 사실적으로 드러나 있다. 로마제국의 잔혹성이 드러나는 셈이기도 하면서, 로마 특유의 혼합문화도 엿볼 수 있는 이야기이기도 하다.

몽테뉴는 그의 저서 『여행일기』에서 로마를 이렇게 기술했다. '로마의 장점은 이 도시가 세계에서 유일하게 보편적인 도시여서 각 나라나 지방의 특이성이나 차이점 따위는 전혀 개의치 않는다는 점이다. 실제로 로마에는 많은 외국인이 살고 있는데, 같은 나라 사람들끼리 모여 살고 있긴 하지만, 마치 조국에서 사는 것처럼 생활하고 있다.' 로마제국은 여전히 힘의 상징이자, 동경의 대상이며, 그리고 제국의 통치기술은 여전히 연구대상임에 틀림없다.

피렌체의 모든 골목길은 시뇨리아 광장으로 통한다고 해도 과언은 아니다. 이런 활기찬 광장의 이미지를 작가들은 어떻게 그렸을까.

르네상스 시대 피렌체의 시뇨리아 광장은 지금처럼 낭만적이기만 한 공간은 아니었다. 도시의 정치 중심지였던 시뇨리아 광장은 서울의 광화문 광장처럼 늘 굵직한 사건이 일어나는 역동적인 공간이었다. 근대적인 시민답게 피렌체 시민들은 역사의 참여자로 광장에 서곤 했다.

1378년에는 모직업에 종사하는 노동자들이 정치적 발언권을 요구한 집회가 있었다. 치옴피ciompi 반란이라고 이름 붙여진 이 집회는 현대 노동운동과도 흡사한 면이 있다.

치옴피는 양모를 빗질하고 손질하는 일을 하고 임금을 받는 노동자를 말한다. 당시엔 하층계급이어서 정치적·사회적인 참여를 할 수 없었다. 이들은 그전에도 집회를 했지만 성과는 없었다. 그런데 치옴피 반란을 통해 프리오리궁을 점령하고 치옴피 연합의 권리를 주장했고, 정치 참여도 요구했다. 이 일을 계기로 피렌체 공화국의 최고 집행자인 행정장관 곤팔로니에레를 선출했다. 그리고 가난한 하층계급이 참여한 치옴피 노동자 조합과 재봉사의 조합인 파르세타이 조합, 염색하는 사람의 조합인 틴토리 조합도 결성할 수 있었다.

광장은 이렇듯 노동자의 광장이기도 했고, 수도사들의 공간이기도 했다. 1497년에는 금욕적인 도미니코회 수도사 지롤라모 사보나롤라가 시민들을 교육시키기 위해 '허영의 소각'이라는 독특한 행사도 했다. 사치품, 이교도를 상징하는 미술품과 서적들이 불태워졌다.

다양한 이벤트가 일어나는 공간인 광장에서 가장 매력적인 풍경은 아무래도 시민들이 자발적으로 꾸미는 마르쉐(시장)일 것이다. 메르카토 베키오는 피렌체 유력 가문의 부엌을 위한 시장이었던 것 같다. 시골 농부들이 갓 수확한 농산물을 맨 처음 피렌체 가문의 주방을 맡고 있는 시녀들에게 선보이는 장소가 베키오였다. 베키오궁에 있는 조반니 스트라다노의 그림 〈메르카토 베키오〉를 보면 당시 시장 풍경이 보인다.

시뇨리아 광장에 선 시장의 풍경을 시인 푸치는 이렇게 기록해 두었다. "메르카토 베키오는 전 세계를 먹여 살리는 한편 다른 모든 시장의 상품을 빼앗는다." 얼마나 큰 시장이었을지 짐작해 볼 수 있는 대목인데, 푸치는 메르카토 베키오를 위험하며 쾌락적인 공간으로 인식한 것 같다.

"온갖 구실로 물건을 파는 여자들이 있다. 나는 그들에 대해 거친 언어로 말한다. 마른 밤톨 두 알을 놓고 서로 매춘부라며 종일 싸우는 자들. 그들은 늘 자기에게 이롭게 바구니에 과일을 채운다. 또 다른 여자는 허브 오믈렛과 파이, 라비올리 등에 필요한 치즈와 달걀을 판다."

광장이나 거리에서 각종 채소나 음식을 파는 여인들을 보통 트레케*trecche* 또는 트레콜레*trecole*라고 불렀다. 푸치가 이곳을 쾌락의 장소라고 말했던 것은 채소나 과일 혹은 음식을 산다고 하면서 실은 성매매도 이루어졌다는 점을 비판하기 위해서였다. 트레케가 활동한 시간만 해도 250여 년이 넘다 보니 각종 사건이 끊이지 않았다. 실제 16세기 후반부터는 사회문제로 부상하게 된다.

볼로냐에서는 1567년과 1588년에 트레케의 성적 비행과 상업적 부정행위를 고발하는 법령이 발표될 정도였다. 화가인 만치니도 이들에게 부정적인 견해를 밝혔다.

"요즘 들어 시장 질서를 무너뜨리고 제자리에 머무르려 하지 않으며, 우리 공화국을 손상시키는 자리를 차지하고 있다. 이 상인들은 더 비싼 가격에 물건을 팔면서 자신보다 저렴한 가격에 팔려는 사람들을 방해한다. 그들은 관습에 기대어 상업 농가의 친척이나 아내들의 명예와 정숙에 해를 입힌다."

16세기 초 메르카토 베키오는 이들을 통제했다. 베키오에는 트레케의 입장이 허용되는 시각을 알리는 종이 달려 있었는데 그때는 거의 폐장 시간이 가까운 시각이었다.

학자들은 경제적으로 풍요로웠던 피렌체에서 근대 자본주의가 이미 이때 싹텄다고 말하기도 한다. 그런데 트레케에 대한 당시 기록은 호의적이지 않았다. 사회의 가장 밑바닥에 있었던 이들의 기록은 다양한 그림으로 전해진다. 그들도 하고 싶은 말이 많았을 것이다.

Firenze
천수립

피렌체,
왜 거기였을까?

토르나부오니 거리
Via de' Tornabuoni

명품의 스토리를
만나는 곳

피렌체에 머물 때 숙소가 토르나부오니 거리와 그다지 멀지 않은 곳에 있었다. 이 거리를 걷다 보면 산타 트리니타 성당과 팔라초 스피니 페로니로 유명한 광장, 그리고 피렌체에서 가장 아름답기로 소문난 산타 트리니타 다리로 이어진다. 중세 광장의 분위기가 남아 있는 곳이라 사람들로 북적이곤 한다. 숙소에서 나와 어느 곳을 가든 이곳을 경유하다 보니 피렌체의 럭셔리한 이면을 들여다볼 수 있었다. 토르나부오니 거리 왼쪽에는 팔라초 미네르베티와 팔라초 스트로치 델 포에타의 위층을 연결해 근사하게 만든 토르나부오니 베아치 호텔이 있어서 피렌체에서 가장 화려한 곳이 이곳이 아닐까 싶다.

거대한 로마나 화려했던 밀라노, 환상적인 베니스와는 달리 피렌체는 우아하고 기품 있다는 느낌을 받곤 했었다. 하지만 이곳 토르나부오니 거리를 걷다 보면 우아하고 기품 있는 내면에 담긴 권위를 느낄 수 있었다. 그리고 이런 넘볼 수 없는 권위는 오랜 시간 축적해 온 기술과 정신 때문임을 알게 된다. 또한 토르나부오니 거리에서는 피렌체가 미술, 건축, 공예, 인문학의 도시라는 인식 외에 르네상스 시대에 지금 우리가 살고 있는 자본주의 사회와 크게 다르지 않은 시스템을 이미 구축하고 있었다는 사실을 눈치채게 된다.

이 거리는 피렌체에서 가장 럭셔리한 쇼핑가라고 할 수 있다.

특히 패션과 예술의 경계를 넘나드는 페라가모를 지날 때면 왜 이탈리아 패션이 고도로 발전할 수 있었는지 궁금하지 않을 수 없다.

팔라초 스피니 페로니(페라가모 건물)의 쇼윈도에는 빈티지한 신발이 놓여 있다. 누군가에게는 신어 보고 싶거나 소장하고 싶은 욕구가 생길지 모르나, 내 경우에는 마치 이집트 카이로 박물관에 갔을 때 파라오와 왕후의 신발을 보는 것처럼 신발 자체가 이토록 아름다울 수 있는 건지 감탄하며 보았다. 피렌체는 페라가모 외에도 구찌 본점이 있어 '패션 피플'에게는 성지로 통하는 곳이다.

팔라초 스피니 페로니는 1289년에 지어졌다. 현재는 페라가모 건물로 쓰이고 있지만 본래는 산타 트리니타 다리 남단에 위치한 팔라초 프레스코발디와 더불어 다리를 지키는 방어시설 역할을 했던 곳이다.

팔라초가 늘어선 토르나부오니 거리는 광장 북쪽으로 뻗어 있는데 동시대에 활동하는 유명 디자이너의 현대 패션을 볼 수 있는 곳이다. 도시에서 가장 오래된 팔라초가 많기로 유명한 곳에 가장 현대적인 패션이 자리 잡고 있는 것이다. 토르나부오니 거리에서 우피치 미술관 방향으로 걷다 보면 미술 아트숍, 판화와 일러스트, 공예품 가게, 직물가게 등도 지나가게 된다.

피렌체는 미술과 공예, 인문학의 도시임에 분명하다. 그래서 이곳이 상인들의 도시였음을 잊어버리곤 한다. 르네상스를 꽃피울 수 있었던 물리적인 조건을 두고 혹자는 '자본주의'가 이곳에서 싹텄다고 비유하곤 한다.

흥미롭게도 이런 '자본주의적인 속성'을 짐작할 만한 소설이 있다. 영국의 작가 조지 엘리엇이 쓴 소설 『로몰라 Romola』는 15세기 피렌체가 배경이다. 도입부에는 1490년대의 옛 시장이 나온다. 메르카토 베키오는 상품만 거래되는 것이 아니라 정보와 아이디어, 사람들의 다양한 경험까지도 교환되는 시장이었다.

그때 형성되었던 시장이 지금 모습과 크게 다르지 않아 보인다. 골목 사이사이에는 가죽공방이나 실크 가게, 도자기 가게 등이 지금도 오랜 시간을 견디며 남아 있다.

상공업자의 조합인 길드는 피렌체를 이해하는 중요한 키워드 중 하나이다. 이들은 자신의 활동을 대변하기 위해 길드의 대표들이 통치하는 길드정부를 세웠다. 이 점은 르네상스 여명기의 모습에서 가장 특징적인 면이기도 하다. 길드정부는 자신들을 위해 유럽의 통치원리이기도 했던 기독교 교리가 아닌 로마의 공화정 제도에서 통치원리를 가져왔다.

이 당시 세네카의 『편지들』, 키케로의 『국가론』, 리비우스의

『로마사』 등 로마시대의 이야기나 신화, 역사서가 널리 출간되었던 것은 이런 정치적 맥락이 뒷받침되었기 때문이다. 인간 중심의 르네상스가 추구했던 시대는 고대 로마시대였고, 그 부활은 길드정부를 설명할 수 있는 철학적 토대가 되었다.

수도사들 역시 고대 로마의 공화정 제도를 부활시킨 신흥 상인이 세운 길드정부의 편에 섰다. 교황, 수도사 역시 길드정부의 후원을 받고 있기 때문이기도 했고, 패러다임의 변화를 감지하고 있었기에 지지할 수밖에 없었다. 이 패러다임의 변화로 주교는 종교권력 외에 정부 기능의 권력을 길드정부에 넘겨주었다. 우리가 알고 있는 르네상스는 이런 패러다임의 변화가 이끌어 낸 꽃이었다.

민주주의를 실험하던 길드정부도 도전이기는 마찬가지였다. 수십 개 길드 사이에 경쟁과 질시, 갈등은 끊이질 않았을 뿐 아니라 경제 패권을 장악하기 위한 전쟁 같은 시기들이 이어졌기 때문이다. 양모, 의류 무역상인 길드, 양모 제조업자 길드, 은행가 길드 등이 피렌체에 생겨나고, 권력을 장악하기 시작하면서 다양한 갈등이 등장했기 때문이다. 공화정 형태의 자치 정부 흔적은 '팔라초 베키오', '시뇨리아 광장' 등에 남아 있다.

오늘날 우리가 겪는 도심 재개발도 시행되었다. 1880년대에 피렌체에서도 도시 정비라는 명분으로 도심 재개발이 시행되었다.

서민들의 생활 근거지였던 메르카토 베키오가 대상이었다. 정부는 거미줄처럼 얽힌 골목길의 낡은 건물을 없애기로 했다. 베키오 시장 근처에 있는 성당, 주택, 공방, 망루, 로지아, 광장이 모두 포함되었다. 자연스럽게 형성되었던 마을은 사라질 위기였다.

재개발 지역이 사라지는 것이 안타까워 기록하는 다큐멘터리 사진가처럼 당시의 화가 텔레마코 시뇨리니는 그림 도구를 들고 옛 정취를 담기 시작했다. 곧 사라질 이 공간들은 그의 화폭에 남아 있다. 유화 도구를 들고 주변을 서성이면서 구시장의 예스러운 흥취를 화폭에 담았다.

시뇨리니는 빛을 중요시했던 마키아이올리*Macchiaioli*파의 일원이었다. '마키아'는 색채와 반점을 뜻하는 단어로 마키아이올리파는 빛을 중시했다. 이들은 아카데믹한 회화 양식에 반발해 생긴 화가 그룹으로 파리의 인상파 화가들을 연상시키지만, 시기적으로는 이들이 훨씬 빠르다.

시뇨리니의 베키오 시장 그림, 직물공장, 스튜디오, 가게 그림을 보면 햇살 때문인지 거리와 사람들이 마치 화폭 안에서 걸어 나올 듯이 생동감이 있고 화사하다. 곧 재개발될 것임에 분명한 거리지만, 절망감보다는 생활에 충실한 서민들의 모습이 생생하게 느껴진다. 덕분에 마치 영화의 화면 속으로 들어가듯이 당시 피렌체의 거리 속으로 들어가는 듯하다. 지금 피렌체 거리를 걷다가 마주치는 풍경이 시뇨리니의 그림과 크게 다르지 않은데 이처럼 그의 그림은 마치 사진처럼 현장성이 강하다.

베키오를 재건축하면서 나온 잔해는 산마르코 성당 수도원에 들어선 고대 피렌체 박물관에 전시되어 있다. 이외에도 피렌체의 과거를 볼 수 있는 곳은 두오모 광장 근처에 있는 피렌체 역사지형 박물관, 산타 마리아 노벨라 광장에 있는 알리나리 국립사진 박물관이다.

피렌체는 분명히 천재들의 도시다. 미켈란젤로, 레오나르도 다빈치, 라파엘로, 단테, 마키아벨리 등. 유럽은 물론이고 전 세계에 영향을 미친 학자, 예술가들이 어떻게 한 도시에 이렇게 몰려 있을까 싶다. 이들은 마치 친구처럼 산타 크로체 성당에 묻혀 있다.

그런데 피렌체는 자신의 삶의 터를 더 성장시키려고 애썼던 이름 없는 노동자들이 있었다는 사실도 함께 기억하게 하는 도시였다. 우리가 가장 많이 하는 오해 중에 하나가 르네상스라는 패러다임이 부유한 상인, 위대한 예술가, 정치가에 의해 이루어졌다고 믿는 것이다. 하지만 시뇨리니의 사진 같은 그림을 들여다보면, 피렌체의 시민 한 사람 한 사람이 주인공이었다는 사실을 감지할 수밖에 없다.

Firenze
천수림

피렌체,
왜 거기였을까?

피티 궁전
Palazzo Pitt

◀

옛 수도의 영광이 담긴
멋진 박물관

피티 궁전 앞에는 온몸에 붕대를 감은 거대한 조각상이 앉아 있다. 피티궁을 압도할 만큼 큰 이 남자 조각상은 궁전 앞에 모인 사람들을 찬찬히 내려다보고 있다. 조각이 거대하다고 해서 웅장한 것은 아니다. 그래서 절대적인 신처럼 권위를 지니지도 않는다. 오히려 불안하고도 불안정한 인간의 본성을 극대화한 느낌이 든다. 특히 머리부터 발끝까지 흰 붕대를 감은 형태와 웅크리고 앉아 있는 자세는 고뇌와 고통을 분명히 느껴 본 사람에 가깝다.

공상하는 청년처럼 보이는 이 하얀 조각을 가만히 올려다보고 있으면 포르투갈의 국민작가이자 리스본의 영혼이라고 불리는 페르난도 페소아의 『불안의 책』이 떠오른다. 2002년 가디언 선정 '역대 세계 최고의 소설 100', 노벨연구소 선정 '100대 세계문학'에 꼽힌 이 책은 '불안'에 매혹된 마니아를 생산했고, 자칭 타칭 '페소아 연구자'라는 고유명사가 생기게 할 정도로 대단한 책이다.

페르난도 페소아는 평생 시와 소설 등 창작을 통해 자신의 내면에 존재하는 또 다른 '나'를 분리해 내곤 했다. 그가 생전에 사용한 다른 이름異名은 무려 70여 개에 가까웠다. 페소아는 각각의 이름과 인물에 고유하며 개별적인 페르소나를 부여했다. 끊임없이 다른 인물을 창조하면서 정말 찾고 싶었던 '그 자신'을 과연 찾아냈을까.

그를 열렬히 흠모하는 '페소아 연구자'를 자칭하는 작가 중 주제 사라마구가 했던 말은 깊은 상념에 빠지게 한다. "페소아는 자신이 진정 누구인지 끝내 알아내지 못했으나, 그가 품었던 의구심 덕분에 우리는 우리 자신이 누구인지 조금은 더 알게 되었다."

무미건조하게까지 느껴지는 석재 건물을 뒤로 한 피티 광장은 살짝 경사가 진 탓에 앉아 있으면 바닷가도 아닌데 마치 해변에 앉아 있는 느낌이 든다. 석재 건물과 광장으로 쏟아지는 오후의 햇빛을 받으며 앉아 있는 것만으로도(마치 이 조각상처럼) '내가 이곳에 분명히 존재한다'는 충만함을 느끼면서, 이 시간이 영원하지 않고 언젠가는 지나갈 것임을 온몸으로 느끼게 되는 근본적인 '불안' 상태에 놓이게 된다.

페소아는 『불안의 책』에서 이렇게 썼다. "말이 안 된다는 걸 알지만, 나는 지금의 모든 걸 그리워하게 될 미래가 그립다." 이 말을 조금 빌려 쓴다면 '정말 말이 안 된다는 걸 알지만, 나는 이상하게도 지금 이 자리에 언젠가는 앉아 있었던 것 같다. 환생을 믿는다면 언젠가 한 번은 피렌체에서 태어나지 않았을까하는. 살아본 적이 없는 그 과거의 시간에 앉아 있었던 것처럼 그때가 그립다.' 이런 말도 안 되는 상상을 하면서 앉아 있었던 빛과 음영이 느껴지던 그 오후가 지금도 늘 그립다.

Firenze
천수림

피렌체,
왜 거기였을까?

피티 궁전 1층에는 프레스코화로 장식된 은제품, 보석류, 상아 제품, 준보석들을 볼 수 있는 은제품 박물관이 있다. 2층의 팔라티나 미술관에는 티치, 라파엘, 틴토레토, 카라바조, 보티첼리, 필리포 리피, 벨라스케스, 루벤스 그림을 볼 수 있는 컬렉션이 있다. 3층 현대미술관에서는 세기부터 20세기의 작품들을 볼 수 있다. 현대미술관은 19세기와 20세기 이탈리아 예술가들의 뛰어난 작품을 컬렉션하고 있다. 농부, 군인, 일반인의 일상을 짐작해 볼 수 있는 마키아이올리파의 '빛을 찾아 야외로 나온 화가들'의 작품도 볼 수 있다.

알폰소 올라엔데르의 유화 〈보볼리〉를 본 후 피티 궁전 뒤뜰로 이어지는 보볼리 정원을 보면, 마치 그림 속으로 들어가는 것처럼 느껴질 것이다. 보볼리 정원은 메디치 가문의 코시모 1세가 아내 엘레오노라를 위해 만든 정원이다. 이집트의 오벨리스크, 로마 카라칼라 욕장에서 나온 세면기, 고대 로마 저택에서 나온 조각상 등 고대 유물을 볼 수 있다. 레몬, 오렌지 등을 위한 온실 정원인 '리모나이아'도 아내를 위해 만들었다. 엘레오노라의 모습은 브론치노가 1545년에 그린 〈엘레오노라와 아들 조반니의 초상*Eleonora of Toledo with her son Giovanni de' Medici*〉(우피치 미술관 소장)에서 볼 수 있다.

코시모 1세의 결혼은 피렌체인들에게도 화제였다. 코시모가 나폴리를 여행할 때 총독의 둘째 딸인 엘레오노라를 만났다. 총독은 첫째 딸과 결혼하기를 원했지만, 코시모는 엘레오노라에게 빠져 있었다. 그림 속에 있는 장중해 보이는 옷은 그녀가 결혼할 때 그리고, 생의 마지막 길에도 함께했던 옷이다. 코시모는 엘레오노라를 아낀 게 분명하고, 실제 그는 아내에게 굉장히 충실한 남편이었다고 전해진다. 아내에게 정원을 선물하는 남자, 꽤 낭만적임에 틀림없다.

의상 박물관이 있는 별채인 팔라치나 델라 메리디아나 *Palazzina della Meridiana*는 벽에 자오선이 그려진 프레스코화가 있어서 붙여진 이름이다. 의상 박물관은 18세기 이후의 의상과 장신구를 진열하고 있는데 이 중에는 메디치 가문 사람들이 입었던 의상 몇 가지도 볼 수 있다.

아르노강 북쪽에서 가장 오래된 다리인 베키오 다리를 건너면 올트라르노 지역으로 이어진다. 이 길은 피티 광장으로 가는 가장 빠른 길이기도 하다. 올트라르노는 아르노의 반대편이라는 뜻이다. 아르노와 올트라르노는 여러모로 다른 지역이고, 다른 매력을 지닌다. 두 지역은 상반된 성격을 지녔다고 할 수 있다.

강의 남쪽에 위치한 올트라르노는 주로 공방을 운영한 장인들의 공간이자, 서민적인 이미지를 가진 곳이다. 15세기 무렵부터 부유한 집안에서 건설한 웅장한 궁전이 들어찼다. 그중에서도 가

장 웅장한 것이 바로 브루넬레스키가 건축한 피티 궁전이다.

피티 궁전은 3세기 동안 토스카나 대공의 거처였으며, 피렌체가 이탈리아의 수도로 활약한 1865년부터 1871년 사이에는 왕가가 머무는 진짜 궁전의 역할을 수행했다. 1871년 이탈리아 수도가 로마로 바뀐 후 1919년 이탈리아 3대 왕인 비토리오 에마누엘레 3세는 이 궁전을 나라에 헌납했다. 그 후 피티 궁전은 뮤지엄으로 일반에 공개되었다. 거대한 석재로 지은 궁전을 보면 색조도 장식도 없는 단순한 디자인이라 단조롭다고 느낄 수도 있을 것이다. 하지만 피티 광장에서 햇볕을 쬐고 있는 사람들과 묘한 대조를 이루면서 한가하고도 나른한 느낌이 들게 한다. 석재 건물에 비치는 빛에 의해 활기도 띤다. 조각품 사이에 앉아 책을 읽는 사람, 개와 산책하는 사람, 삼삼오오 모여 이야기를 나누는 사람, 전시장으로 들어서는 사람이 모여 생기를 띤다.

이곳에서 감상하는, 하얀 붕대로 온몸을 감은 거대한 조각상은 마치 처음부터 이곳에 있었던 것처럼 자연스럽다. 특히 인간 중심을 모토로 했던 르네상스의 정신을 극대화한 느낌이다. 마치 '사람이 먼저다!'라고 말하는 것처럼.

보볼리 정원을 돌아본 후 포르타 로마나 거리를 따라가는 여정은 피렌체의 비밀 골목으로 들어가는 기분이다. 산 펠리체 광장에는 미술용품점, 주방용품점, 천연 미용제품을 파는 곳, 카페, 빈티지 판화나 일러스트를 파는 곳, 골동품점, 주얼리 상점 등이 있어 집집마다 들여다보며 골목여행을 하게 된다.

이 지역은 1720년부터 필리스트루키라는 가장 오래된 공방을 비롯해 다양한 공방이 밀집해 있는 곳이다. 피렌체 수공예 역사를 볼 수 있는 중요한 지역이기도 하다.

피렌체 전경이 보이는 베키아 피에솔라나 거리의 모퉁이 벽을 돌면 보르고 알레그리 정원이 있다. 발룽고에 있는 옛 전차 보관소, 오래된 이발소, 유제품 가게 등이 있고, 1950~1960년대에 유행했던 만화도 볼 수 있다.

올트라르노의 랜드마크라 할 수 있는 산토 스피리토 광장은 피티 광장과는 달리 소박한 동네다. 장식 없이 석재가 그대로 드러나는 성당이 있는, 작고 서민적인 동네다. 작은 동네 레스토랑과 카페가 있지만, 역시 소소한 일상을 나누는 곳이다. 산토 스피리토 광장에서는 매달 둘째 주 일요일에 벼룩시장이 열린다. 피렌체 서민들이 썼던 오래된 물건들을 다양하게 볼 수 있는 날이기도 하다.

아르노강을 중심으로 피티 광장 쪽 동네는 더 낡고 오래된 느낌이 든다. 연겨자색, 연한 갈색의 오랜 골목 풍경은 좀 쓸쓸한 느낌도 들지만, 골목 곳곳을 걷다 보면 진짜 피렌체를 발견하는 느낌이 들곤 한다.

◀

이곳에서
꼭 봐야 할 작품은

서풍의 신 제피로스는 아름다운 엘리시움(Elysium: 축복받는 사람들이 죽은 후에 가서 살고 있다는 엘리시움의 들판, 대지의 끝에 있다고 전해진다)의 요정 클로리스를 잡아채려 하고 있다. 두려움에 찬 그녀는 플로라로 변신했다. 그녀의 입에서 나온 꽃들은 플로라의 아름다운 옷뿐만 아니라 정원에도 뿌려진다. 그림 가운데 있는 여인은 '사랑을 상징'하는 베누스(비너스)다. 우아한 삼미신三美神은 손을 잡고 춤을 추고 있다. 피렌체인이 수호성인으로 숭상하는 헤르메스는 소식을 전해 주듯 오렌지를 따고 있다. 마치 '고대의 신'이 금방이라도 튀어나올 것 같은 이 그림은 우피치 미술관에 있는 〈라 프리마베라〉다. '라 프리마베라'는 이탈리아어로 봄을 의미한다.

우피치 미술관 앞은 늘 미술관에 들어가려고 하는 관람객으로 붐빈다. 거리의 화가들이 아랑곳하지 않고 회랑 앞에서 그림을 그리고 퍼포먼스를 하는 것도 일상적인 풍경이다.

우피치 미술관은 메디치 가문의 방대한 수집품을 소장한 곳이다. 1581년 프란체스코 1세가 처음으로 우피치에 수집품을 보관하기 시작했다. 이곳에는 르네상스의 문을 연 조토, 레오나르도 다빈치, 미켈란젤로, 라파엘로, 카라바조까지 당대 대표 화가의 작품이 소장되어 있다. 1737년에는 메디치 가문의 마지막 인물인 안나 마리아 루이자가 피렌체 시민에게 미술관을 기증했다.

이곳은 또한 관람객을 위해 작품명 등 라벨을 부착한 최초의 미술관이기도 하다. 워낙 작품이 많기 때문에 꼭 보아야 할 르네상스의 대표적인 그림을 꼽으라고 하면 역시 보티첼리의 〈라 프리마베라〉와 〈비너스의 탄생〉이다. 두 작품은 르네상스를 이끈 피렌체인이 꿈꾸었던 이상향인 '아르카디아', 그 꿈의 공간을 구현하고 있기 때문이다. 〈라 프리마베라〉와 〈비너스의 탄생〉를 보았다면 피렌체를 모두 보았다고 해도 과장은 아닐 것이다. 그만큼 피렌체의 정신을 잘 담고 있는 그림이다.

아르카디아Arkadia는 그리스의 펠로폰네소스 반도에 있는 지역으로 이상향의 대명사로 쓰인다. 동양의 무릉도원처럼 표현되지만 실상은 농사도 지을 수 없는 척박하기만 한 산악지대였다. 그런데 어떻게 이 궁핍한 땅이 낙원의 대명사가 되었을까.

아르카디아는 시인 폴리비오스가 로마로 망명하면서 자신의 고향을 알린 게 계기가 되었다. 그는 '무지한 목동들이 사는 황량한 곳이며 그 지방 사람들은 힘겹고 고단한 삶을 보내고 있다'라고 묘사했다. 반면 고대 로마제국의 시인 베르길리우스는 '위대한 시대가 다시 새롭게 시작될 것이다. 사투르누스가 다스리는 시대가 다시 오고 있다. 이제 새로운 시대가 저 높은 하늘에서 내려온다. 그리고 젖으로 인해 젖가슴이 불어난 염소는 스스로 집

산드로 보티첼리, 라 프리마베라, 1477~1482년, 203×314cm, 우피치 미술관

으로 돌아올 것이다. 들판은 천천히 작물의 부드러운 이삭으로 인해 금빛으로 물들어 갈 것이다'라는 「목가시」를 통해 아르카디아를 시와 노래가 흐르는 풍요의 땅으로 묘사했다. 상상 속의 아르카디아는 그 후에 작가와 화가들에 의해 추앙받는 대상이 되었다.

〈라 프리마베라〉는 로마제국 시인 오비디우스가 저술한 『로마의 축제들』이라는 책의 '오월제' 장면을 모티브로 삼은 작품이다. 그런데 월계수 가지와 헤르메스는 원작에는 등장하지 않는다. 보티첼리는 왜 월계수와 헤르메스를 등장시켰을까?

〈라 프리마베라〉에 등장하는 헤르메스는 신의 뜻을 인간에게 전하는 전령이다. 헤르메스의 어원인 헤르마*Herma*는 경계석, 경계점을 뜻한다. 한 장소에서 다른 장소로 옮겨갈 때 길을 안내하는 이도 헤르메스다.

처세의 아이콘으로 불리는 헤르메스는 상업의 신이기도 하다. 〈라 프리마베라〉는 상업과 금융업이 성행했던 이 도시가 헤르메스를 숭배함을 선포한 것이기도 하다. 아름답게만 보였던 이 작품의 이면엔 '메디치'의 숨겨진 욕망이 있었던 것이다.

잘 알려져 있다시피 〈라 프리마베라〉는 메디치 가문에서 보티첼리에게 의뢰한 작품이다. 메디치 가문은 농촌에서 피렌체로 이

주해 온 평범한 이민자 출신인 보티첼리에게 작품을 맡긴다. 그래서인지 이 작품은 로마와 그리스에 대한 인문학적 조예가 깊었다는 보티첼리 개인의 취향은 아니다.

한편 〈비너스의 탄생〉도 봄의 정원으로 우리를 초대한다. 그리스 신화에서 미의 여신인 비너스(아프로디테)는 바다의 물거품에서 탄생했다. 이 작품은 비너스가 바다에서 탄생해 육지에 도착하는 신비한 순간을 묘사하고 있다. 작품 속 비너스는 바다의 신 넵튠이 내준 거대한 조개 배를 타고 수줍게 얼굴을 붉히고 있고, 오른쪽에는 계절의 여신 호라이가 비너스의 나신을 가릴 옷을 들고 있다. 마치 그리스의 조각을 보는 듯하다.

흥미롭게도 보티첼리를 현대에 다시 불러낸 것은 영국이었다. 영국의 비평가 집단인 라파엘전파는 꽃으로 상징되는 종교적인 비밀스러움을 재발견했다. 신화학자 헤르만 우제너*Hermann Usener*가 보았던 것처럼 원시 사회에서는 그림이 두려움에 저항하는 한 방식이었고, 여전히 그림은 우리 안의 두려움을 덜어 준다. 일종의 치료제로 보아도 될 것이다. 보티첼리가 담았던 중세의 표지는 라파엘전파에게는 숭배의 대상이었다.

〈비너스의 탄생〉은 지금도 여전히 현대 작가들에게 영감을 제공하고 있다. 런던의 빅토리아 앨버트 박물관*V&A Museum*에서는

©Eric D. Rossi, shutterstock

Firenze
천수림

S·SANCTI·IACOBI·EQVES·FACIEBAT·

피렌체,
왜 거기였을까?

2016년에 '보티첼리 리이매진드Botticelli Reimagined'라는 전시를 개최했다.

이 전시는 라파엘전파 이전의 피렌체 화가 보티첼리가 예술과 문화에 미친 지속적인 영향을 탐구한 것이다. 보티첼리의 작품 중 특히 〈비너스의 탄생〉은 현대 미술 뿐 아니라 대중문화, 팝 문화, 디자인, 필름, 패션에도 파고들었다.

비너스는 앤디 워홀의 실크 스크린, 패션 사진가 데이빗 라샤펠의 사진, 중국 작가 인신Yin Xin의 〈비너스〉로 다시 돌아왔다. 시간을 거슬러 온 비너스는 패션잡지, 영상 미디어를 타고 우리에게 더 가까이 다가와 있다. 심지어 본드 걸도 흰 비키니를 입고 바다에서 출현하고, 비욘세와 레이디 가가는 이 작품에서 영감을 받아 사진과 뮤직비디오를 제작하기도 했다. 드레스, 운동화, 수트케이스, 팝 음악에도 비너스는 자주 등장한다.

보티첼리를 추종하는 계보를 추적하다 보면 아이러니하게도 우리가 사는 21세기에 비너스는 더 이상 신화 속 여인이 아니라, 신화적 이미지만 빌려 온 고혹적이고도 아름다운 여성이다. 시간 여행이 가능해 보티첼리가 지금 현대를 들여다본다면 무엇이라 말할까.

보티첼리뿐만 아니라 우피치 미술관에는 지금도 많은 작가에게 영감을 주는 작품이 많다. 프라 안젤리코는 당시 수도사들에

피렌체,
왜 거기였을까?

게 '천사와 같은 수도사'라고 불릴 만큼 존경받았던 이다. 우리에게는 〈수태 고지〉, 〈성모의 대관식〉, 〈최후의 심판〉이라는 그림으로 알려져 있다. 우피치 미술관에 소장되어 있는 〈성모의 대관식〉은 성모 마리아가 천국에서 천사와 사도, 성인에게 둘러싸여 그리스도에게 관을 받는 그림이다. 미술사에서는 원근법을 적용한점, 그로 인해 우리의 시선을 아래로 끌어내리면서 오히려 이 장면을 고귀하게 만들고 있다는 점을 주목하고 있다. 당시 피렌체사회가 지금의 자본주의를 향해 달려가고 있을 때, 안젤리코는그림 그리는 일, 병자를 돌보는 일이 전부인 삶을 살았다.

보티첼리도 말년에는 명상과 함께 종교적인 삶을 살았다고 한다. 그 어느 시대보다 큰 변화를 겪은 피렌체인들은 말년에 들어서야 진짜 인간이 추구해야 하는 바가 무엇인지 깨달은 것일까. 우피치 미술관은 단순한 미술관이 아니라 당시 피렌체인들의 사고를 읽을 수 있는 도서관과도 같다.

bottega

보테가 공방

원래 그런 성격이었는지, 고양이를 키우면서 그렇게 된 건지는 모르겠으나 여행하는 방법이 더 느려졌다. 특히 혼자 도시를 거닐 때는 흡사 고양이와 다르지 않았다. 공방이 있는 골목에서는 더 그랬다. 카페에서 햇볕을 쬐며 커피를 마시느라 반나절을 소비했고, 수공예 공방에서 장인이 무언가를 만들고 있을 땐 오랫동안 지켜보곤 했다. 피렌체의 뒷골목은 특히 더 여유로웠고, 편안했다. 피렌체는 보아야 할 미술관, 박물관, 정원, 장대한 건축이 즐비하다. 도시 전체가 박물관이자 갤러리니까. 하지만 골목길 안에 숨어 있는 공방이나 가게를 보지 않는다면 진짜 피렌체를 봤다고 할 수 있을까.

보통 피렌체를 위대한 천재들의 도시라 부른다. 틀린 말은 아니지만, 백 퍼센트 맞는 말도 아니다. 분명히 피렌체는 보테가(bottega, 공방)가 큰 역할을 했던 장인들의 도시다.

필리스트루키*Filistrucchi*는 1720년 이전부터 있었던 가장 오래된 공방으로 메이크업과 가발 관련 작업을 하는 곳이다. 같은 상호가 여러 세대를 거쳐 지금까지 내려오고 있다. 수백 년 전의 기술을 지금껏 이어 오는데 이런 수공예 역사는 피렌체인의 자부심이기도 하다. 수공예 장인은 단순히 직업 이상의 소명의식을 갖지 않으면 할 수 없는 일일 것이다.

르네상스를 두고 '중세의 가을이냐, 근대의 봄이냐'라는 논쟁은 여전히 진행 중인 듯 보인다. 네덜란드 역사가인 호이징가는 르네상스를 중세의 가을로, 스위스의 역사가인 부르크하르트는 근대의 출발점으로 보았다. 당신은 어떤가.

르네상스인은 분명히 자각한 인간들이었다. 율리우스 카이사르는 "사람은 누구나 모든 현실을 볼 수 있는 것은 아니다. 대부분의 사람은 자기가 보고 싶은 현실밖에 보지 않는다"라고 말했다. 그렇다면 르네상스인들은 이런 한계를 뛰어넘어 어떻게 어둠 속에서 나올 수 있었을까. 인간 자체에 대한 고민은 어떻게 시작된 것일까. 지금도 우리는 다방면에 출중한 사람을 '르네상스인'이라고 칭하기도 한다.

피렌체에는 12세기 초반부터 부유한 상인과 장인의 조합인 '길드연합체'가 있었다. 그리고 메디치라는 거대한 가문이 예술 부흥을 이끌었다. 천재들의 도시, 피렌체를 가능하게 했던, 우리가 알지 못했던 비밀이 숨어 있는 것은 아닐까. 돈과 권력의 패러다임 변화 외에 말이다. 그도 그럴 것이 10세기 후반, 피렌체의 인구는 채 1만여 명이 넘지 않았다. 그런데도 세계의 수도라고 일컫는 로마를 제치고 피렌체가 어떻게 르네상스 문명의 발원지가 될 수 있었을까.

르네상스인은 과연 어떤 사람을 말하는 것일까. 르네상스인을 우리말로 풀면 '만능인*uomo universale*'으로 풀이할 수 있을 것이

298

Firenze
천수림

다. 르네상스인하면 가장 먼저 떠오르는 인물은 레오나르도 다빈 치이고 그 뒤를 잇는 사람은 미켈란젤로다. 이 둘은 회화, 건축, 조각 등 다방면에서 활약했다. 르네상스의 주역으로는 늘 이런 위대한 천재들이 등장한다. 하지만 이 거대한 파도를 만든 이들 안에는 자각한 시민들도 있었고, '보테가'라고 불리는 전문적인 영역이 있었다는 점도 간과할 수는 없을 것 같다.

피렌체에서 천한 직업 중 하나는 염색업자이다. 그런데 1420년 피렌체의 한 평범한 염색업자의 소지품에는 단테와 오비디우스 의 책이 있었다. 당시 피렌체에는 책을 읽을 줄 아는 사람이 많았 다. 어느 도시보다도 문맹률이 낮았고, 산술 능력이 뛰어났으며 그 어느 도시보다 비판할 줄 아는 사람이 많았다. 모자 장수, 모 피상인, 금세공업자, 빵집 주인, 향신료 판매상 등 어떤 직업에 종 사하든 그들은 발언할 기회를 스스로 만들어 가는 사람들이었다. 피렌체인이 갖고 있는 이런 비판적인 기질이 르네상스의 학문 적·예술적 토양을 이룬 게 아닐까.

피렌체인의 비판적 기질은 이런 공방문화에 많이 드러나 있 다. 당시 보테가는 건물 1층의 안뜰이 있는 곳에서 작업을 했다. 보테가에는 가게라는 의미도 함유되어 있어서 오늘날 숍을 겸한 공방과 크게 다르진 않았다. 당시 보테가는 시내 중심부에 모여 있었는데 지나가는 사람들마다 들어와 한마디 할 정도로 관심도 많았고, 비판도 많았다고 한다. 당시엔 회화, 조각 등의 작품뿐 아니라 행사에 쓰일 온갖 장식도구를 만들었으니 종합 스튜디오라 할 만하다.

견습생들도 도제식이었지만 어느 하나만 배우지는 않았다고 한다. 오히려 한 분야만 전문으로 배우는 오늘날의 예술학교와는 달랐다. 그래서 당시 예술가 중 한 분야에만 머문 사람은 많지 않다. 건축을 하다가 그림을 그리기도 하고 조각을 하기도 했다. 효율성을 중시하는 곳일수록 분업화되고 전문적인 영역을 강조하는데, 창조적인 예술은 '효율성'과는 애초에 맞지 않는 장르가 아닐까.

피렌체에서 가장 유명한 보테가를 꼽으라면 비단, 모직 등 직물산업과 가죽공방일 것이다. 직물산업이나 가죽산업이 발달할 수 있었던 이유 중 하나는 아르노강이라는 입지조건 덕분이었다. 강이 피렌체의 중심이다 보니 강 주변은 예배당과 상점, 전망대, 광장이 있어서 시민들이 자연스럽게 모이는 공간으로 자리 잡았다.

아르노강은 직물을 세척하고 염색하고, 수송할 수 있는 적당한 곳이어서 모직과 비단 산업이 융성할 수 있었다. 이를 바탕으로 피렌체는 부를 축적해 나갔다. 모직산업 전성기에는 모직물을 실은 마차가 '폰테 누오보' 다리를 부지런히 오갔고, 이 다리를 건너

면 모직산업 종사자들이 모여 있는 산 프레디아노*San Frediano* 지역으로 이어지곤 했다. 한편 당시 가죽상품 제조업자들은 몇 달씩 강물에 가죽을 담가 두기도 했고, 무두질에 말 오줌을 사용하다 보니 냄새도 심했다.

강의 역할이 커지면서 다리의 중요성은 더욱 커졌는데, 1206년 다리를 전담하는 특별조직이 만들어진 것만 보아도 그 특수성을 짐작할 수 있을 것이다. '오푸스 폰티스*Opus Pontis*'라는 이름의 특별조직은 목조 다리를 유지하고 보수하는 한편 다리 위의 상점들을 임대하는 책임자 역할도 맡았다.

현재 피렌체의 가죽, 직물산업은 몇백 년의 역사를 그대로 간

Firenze
천수림

직한 전통적인 공방부터 신진 디자이너들의 숍, 중앙시장*Piazza del Mercato Centro*, 산 로렌초 가죽시장 등으로 맥이 이어지고 있다.

두오모 근처의 중앙시장은 피렌체 여행객의 필수코스다. 중앙시장은 다양한 가죽제품을 볼 수 있는 곳이다. 또한 베키오 다리 근처의 산토 스피리토*Santo Spirito* 광장 주변에는 가죽과 주얼리, 마블링 등 전통 깊은 공방과 가구복원·가죽·주얼리 디자이너들의 개성 넘치는 공간이 많다. 산토 스피리토 광장에 있는 공방은 워크숍도 진행하고 있다.

산타 크로체 성당 부지 안에 있는 가죽학교인 스쿨라 델 쿠이요*Scuola del Cuoio*는 1950년에 문을 열었다. 메디치 가문이 후원해 만든 이 전통적인 건물 안에는 도메니코 길란다이오*Domenico Ghilandaio*의 프레스코 벽화가 그대로 남아 있다. 지금도 세계 각국에서 피렌체식 가죽공예와 제조법을 배우려는 사람들이 이곳으로 몰린다. 가죽학교는 산타 크로체 성당 프란체스코 수도회와 피렌체의 가죽 장인인 마르첼로 고리*Marcello Gori*가 창안한 것이다. 지금도 가족들이 관리하고 있다.

주목적은 2차 세계대전 이후 고아가 된 아이들에게 직업교육을 시키는 것이었다. 사회적 역할을 한 학교지만 각국의 정치인과 배우가 이곳의 작품을 쓰면서 더 유명해졌다. 연수생들의 집이었던 현재의 워크숍 공간 쇼룸은 르네상스 프레스코와 메디치

코트*Medici coat of arms*를 볼 수 있는 공간이다.

가죽학교가 있는 산타 크로체 지역은 전통적으로 가죽으로 유명한 거리였다. 고대의 제혁소인 비아 데이 거리*Via dei Conciatori*와 코르소의 거리*Corso dei Tintori*를 따라 가죽거리가 형성된 것이다.

가죽 거리에는 핸드백과 맞춤형 재킷, 가죽제본 노트북, 지갑 등을 살 수 있는 아트숍이 있고, 평일에는 여행객을 위한 원데이 클래스도 운영하고 있어 인기가 많다. 산타 크로체 지역은 하루 종일 고양이처럼 어슬렁거리며 공방 구경하는 날로 잡으면 좋을 곳이다.